S. S. Rakhimkhodjaev
G. N. Sobirova

TEORIA DA CONSTRUÇÃO DE TECIDOS: Tecidos de camada única

S. S. Rakhimkhodjaev
G. N. Sobirova

TEORIA DA CONSTRUÇÃO DE TECIDOS: Tecidos de camada única

ScienciaScripts

Cover image: www.ingimage.com

This book is a translation from the original published under ISBN 978-620-7-48663-2.

Publisher:
Sciencia Scripts
is a trademark of
Dodo Books Indian Ocean Ltd. and OmniScriptum S.R.L publishing group

120 High Road, East Finchley, London, N2 9ED, United Kingdom
Str. Armeneasca 28/1, office 1, Chisinau MD-2012, Republic of Moldova, Europe
Managing Directors: Ieva Konstantinova, Victoria Ursu
info@omniscriptum.com

Printed at: see last page
ISBN: 978-620-8-53125-6

Conteúdo

DESCRIÇÃO.

O artigo apresenta a teoria da estrutura e as particularidades da produção de tecidos de malha principal, derivados de malha principal e combinados. São dadas definições, objectivos, vantagens, desvantagens, princípios e tipos destes tecidos. São apresentados os métodos de construção dos tecidos principais, derivados dos tecidos principais e combinados. Os princípios de construção destes tecidos são fundamentados. São apresentados exemplos de construção e análise de tecidos de tramas principais, derivadas de tramas principais e combinadas. Destina-se a investigadores, tecnólogos, designers, construtores, desenhadores, mestres e bacharéis, trabalhadores da indústria têxtil que se dedicam ao estudo de tecidos principais, derivados de tecidos principais e combinados.

INTRODUÇÃO

A tecelagem, enquanto arte e ofício, tem raízes profundas. Em tempos longínquos, o homem criava vários objectos para a comodidade da existência - roupas, calçado, roupa de cama, cestos, redes, etc. A obtenção destes objectos (produtos) era feita através da tecelagem de tiras de pele de animais, erva, canas, linho, arbustos e árvores. Esta criatividade dos antepassados deu origem à tecelagem - uma das formas de tecelagem e aos aparelhos de tecelagem - o tear de armação, os teares manuais com disposição vertical, horizontal e circular da teia. A conceção dos teares era determinada pelo tipo de material a processar, pela trama do tecido, pelas condições climatéricas e pelo modo de vida das populações. Atualmente, um tear moderno é de alta velocidade, informatizado, com excelente ergonomia, com uma vasta gama de tecidos produzidos com mudança operativa de gama, com produção de tecidos de alta qualidade. Quase todos os povos do mundo têm mitos e lendas relacionados com o fabrico de tecidos, que se reflectiram na literatura e na arte da época. Um exemplo é o tratamento em verso da antiga história iraniana "Shahnameh" de Ferdowsi - para a confeção de seda, peles, tecidos, a partir de casulos, peles e linho leve, ensinou-lhe a fiar fios e, de pé atrás da máquina, a tecer habilmente na base do pato O homem sempre se esforçou por tornar a sua roupa elegante e confortável. O padrão no tecido pode ser obtido através da tecelagem, entrelaçando os fios da teia e da trama e no processo de acabamento do tecido acabado, bordado ou estampagem. A formação de padrões por tecelagem é acompanhada por um processo artístico e tecnológico, cuja combinação permite obter uma variedade de efeitos de luz e de textura no padrão, através da reflexão diferente da luz de diferentes partes do tecido. É feita uma distinção entre tecidos de camada única e tecidos de várias camadas. Os tecidos monocamada são produzidos apenas com base em tecidos principais, derivados de tecidos principais, tecidos combinados e tecidos jacquard simples. Os tecidos multicamadas são produzidos apenas com base em tecelagens complexas e em tecelagens jacquard complexas. As tramas principais, derivadas das tramas principais, as tramas combinadas e as tramas jacquard simples são consideradas simples porque são construídas com um sistema de fio principal e um sistema de fio de trama. As tranças complexas são aquelas que têm vários sistemas de fios principais e vários sistemas de fios de trama. Cada um dos sistemas de fios é colocado um por cima do outro, formando camadas de tecido. Por conseguinte, a frente e o verso do tecido são tecidos independentes.

CAPÍTULO 1

1. ESTRUTURA E ANÁLISE DOS TECIDOS

Um tecido é um produto têxtil obtido por tecelagem de dois sistemas de fios (pelo menos) dispostos mutuamente perpendiculares entre si. Os fios situados ao longo do comprimento do tecido são designados por urdidura e os situados ao longo da largura do tecido são designados por trama (Fig. 1). O padrão de enchimento do tecido é representado num papel axadrezado (kanvov), em que os pontos verticais significam fios de urdidura e os pontos horizontais significam fios de trama. (Fig.1).

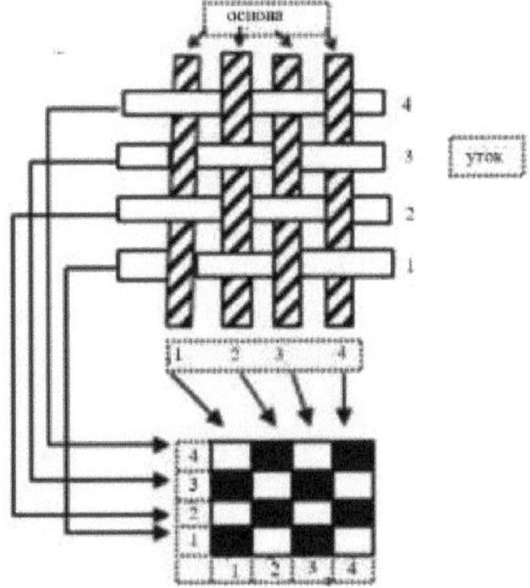

Figura 1. Padrão de enchimento do tecido.

Os locais onde os fios da teia e da trama se cruzam são designados por sobreposições. Se a teia estiver acima da trama, a sobreposição é a sobreposição principal e é indicada por uma caixa colorida. Se a urdidura estiver por baixo da trama, a sobreposição é a sobreposição da trama e é indicada por uma caixa não colorida. A sobreposição mútua de fios de um sistema com fios de outro sistema é designada por trama do tecido. Os parâmetros da trama de um tecido são a relação de trama e o deslocamento da trama. Variando o deslocamento da trama e a relação de trama, a estrutura do tecido pode ser alterada. O comprimento da trama é o número mais pequeno de fios após o qual a sobreposição começa novamente (Fig. 2). É feita uma distinção entre a relação de urdidura R_o e a relação de trama R_y. A relação de urdidura R_o é o menor número de fios de urdidura após o qual a sobreposição começa novamente. A relação de trama R_y é o menor número de fios de trama após o qual a sobreposição começa a repetir-se. O deslocamento da trama é determinado pela distância entre as sobreposições individuais em fios vizinhos do mesmo sistema (Fig. 2). Se a distância entre as sobreposições individuais nos fios principais vizinhos for determinada, o deslocamento será na base S_o. Se for determinada a distância entre sobreposições individuais em fios de trama vizinhos, o corte será na trama

Sy.

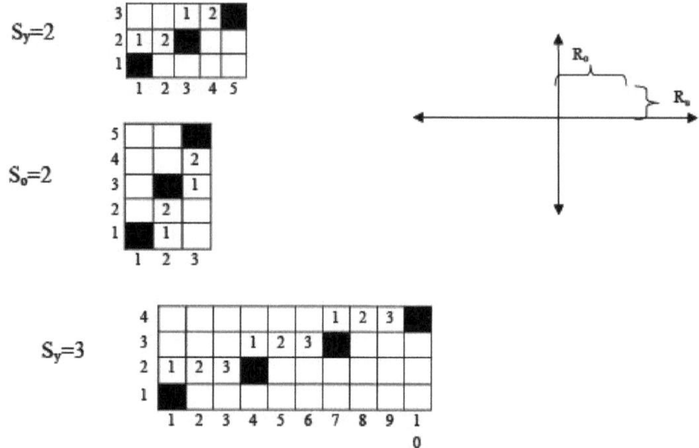

Figura 2. Parâmetros da trama do tecido.

Para enfiar e tecer no tear, é elaborado um padrão de enchimento. O modelo de enfiamento contém o modelo de tecelagem, os fios principais da cana, os fios da teia e o modelo de enfiamento da teia

A construção do padrão de enchimento começa com a imagem do padrão de tecelagem do tecido dentro de um único relacionamento de trama (Fig. 4). A construção do padrão de enchimento começa com a imagem do padrão de tecelagem do tecido dentro de um único relatório de tecelagem (Fig. 4). Consoante o tipo de trama do tecido, escolhe-se o tipo de franja dos fios principais do remate e o número de remates do revestimento. Em seguida, é apresentado um esquema de enfiamento da cana e do remiz.

Ordem de elevação Remise, carrinho direito
Perfurar o remise
Ordem de elevação do carro esquerdo do remise
Padrão de tecelagem de peles de junco
Cortar o tecido ao longo da base
Tecido cortado ao longo da trama

Fig.3.Padrão de enchimento completo do tecido.

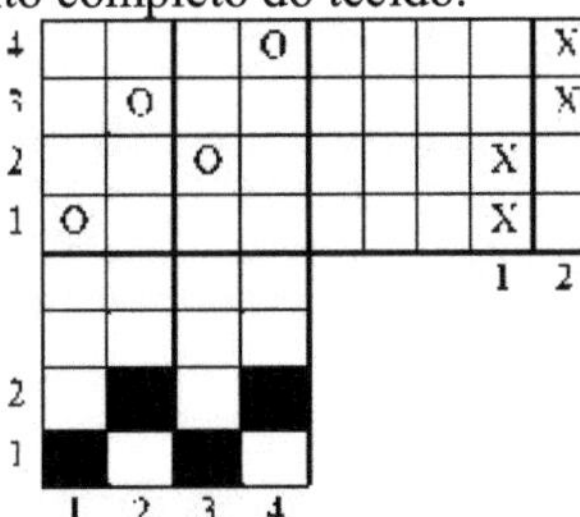

Figura 4. Padrão de enchimento completo de um tecido de uma determinada trama.

De seguida, é determinada e apresentada a ordem das barras para cada faixa de trama dentro do padrão de tecelagem. De seguida, são feitos os cortes de tecido na teia e na trama. Ao desenhar o padrão de enchimento, o número de talões no padrão de enchimento é igual ao número de fios de teia que estão entrelaçados de forma diferente, uma vez que os fios de teia que estão igualmente entrelaçados ao longo de todo o comprimento do padrão são recolhidos no mesmo talão. Além disso, o número de cartões no padrão de enchimento é igual ao número de fios de trama no padrão de tecelagem.

A análise do tecido consiste em examinar uma amostra de tecido para obter os dados necessários para a construção do padrão de enchimento e o cálculo do enchimento do tecido. São utilizados como instrumentos uma régua, uma lupa de tecelagem, uma agulha e uma tesoura. Neste caso, determina-se: os fios da teia e da trama, a face e a parte inferior do tecido, a densidade do tecido na teia e na trama, o trabalho dos fios da teia e da trama, a densidade linear da teia e da trama, a trama do tecido.

A classificação dos tecidos em função do número de sistemas de fios utilizados e do tipo de tecelagem é dada pela ordem seguinte. Os tecidos fabricados a partir de dois sistemas de fios (urdidura e trama) são monocamada e a trama destes tecidos pode ser principal, derivada, combinada e jacquard (com padrões grandes) simples. Os tecidos fabricados a partir de, pelo menos, três sistemas de fios (uma teia e duas tramas ou vice-versa) são multicamadas e a tecelagem destes tecidos pode ser complexa e jacquard (grande padrão) complexa.

CAPÍTULO 2

2. DESCOLAGEM DA TEIA NO REMISE

Consoante o tipo de tecelagem, o número de talões e a ordem pela qual os fios da teia são enfiados nos talões varia.

O número de remises (k) num enchimento depende do número de fios entrelaçados de forma diferente na relação de trama da teia (R_o) e da densidade da teia do tecido (R_o). Por conseguinte, os tipos de pontos utilizados no remate são subdivididos de acordo com valores como a relação de urdidura (R_o), a relação de pontos (**r**) e o número de remates (**k**). Em função da relação entre estes valores, todos os tipos de rolhas são divididos em três grupos:

= = 1. R_o r **to,**< = 2. R_o r **to,**= > 3. R_o r to.

O comprimento da faixa é o menor número de fios de urdidura cuja ordem de faixa é repetida num remise. Para que a urdidura e os fios de urdidura de um remise se movam livremente em relação a outro remise, é necessária uma densidade admissível dos fios de urdidura no remise, que depende da espessura dos fios de urdidura e do tipo de fios de urdidura. = = O primeiro grupo de giletes é constituído por giletes em linha em que R_o r **k**, por exemplo, **R0** = 5, **r** = 5, **k** 5.

5					0					0					0
4				0					0					0	
3			0					0					0		
2		0					0					0			
1	0					0					0				
	1	2	3	4	5	1	2	3	4	5	1	2	3	4	5

Figura 1.

No caso do enfiamento em linha, os fios de teia são enfiados no remate da galega um a um, começando pelo primeiro remate. Assim, a primeira urdidura é recolhida no primeiro ponto, a segunda urdidura no segundo ponto, e assim sucessivamente até que o padrão de recolha esteja completo. O número de pontos de recolha em liga depende do número de fios da teia. = = A relação do piercing da carreira é igual ao número de remisques **r k**, e o número de remisques é igual à relação de tecelagem da urdidura **para** R_o. No nosso exemplo (Figura 1), a linha purl tem R_o = 5, **k** = 5, **r** 5. A linha purl pode ser utilizada em todos os casos, ou seja, pode produzir qualquer trama. A vantagem do row purl é o facto de ser fácil e cómodo para o tecelão operar ao enfiar e eliminar as quebras de teia. A desvantagem do método de colheita de linhas é o facto de o aumento da relação entre a teia e a trama levar a um aumento do número de remalhagens no enfiamento. Além disso, com uma densidade de urdidura elevada, a densidade da urdidura aumenta, o que leva a um aumento da quebra de urdidura durante a tecelagem.

< = O segundo grupo inclui uma dispersão de **Ro r to**.

Nesta operação, os fios da teia são recolhidos através de um (dois, três, etc.) remizki na galeva, ou seja, no início são recolhidos através de todos os remizki de número ímpar e, em seguida, através de todos os remizki de número par, repetindo-se depois a operação de recolha. Por exemplo, se a relação na base **Ro** = 2 e o número de remizki **k** = 4, o corte é efectuado na seguinte sequência (Fig. 2): o primeiro fio no primeiro remizki; o segundo fio no terceiro remizki; o terceiro fio no segundo remizki; o quarto fio no quarto remizki.

4				0				0				0
3		0				0				0		
2			0				0				0	
1	0				0				0			
	1	2	3	4	1	2	3	4	1	2	3	4

Figura 2.

=Por conseguinte, o comprimento da risca **r** é igual ao número de resmas k e o número de resmas é igual ao dobro do valor do comprimento da teia **K 2Ro**. É conveniente utilizar a colheita dispersa quando se produzem tecidos com grande densidade de urdidura, pois a densidade das gules numa remizki diminui e evita-se a fricção de fios e gules próximos uns dos outros, o que reduz a rutura dos fios de urdidura.

O terceiro grupo de ourelas inclui as ourelas reversas, as ourelas compostas e as ourelas reduzidas. = > Se fios igualmente entrelaçados no padrão de urdidura **Ro**, é utilizada uma ourela com um número reduzido de cortes em comparação com o padrão de urdidura, ou seja, **Ro r to**.

Na separação de linhas invertida (Fig. 3), os fios de teia são separados como na separação de linhas (diagonal reta) e depois na direção oposta (diagonal invertida), etc. = O número de fios no rapport da faixa de separação inversa **r 2k - 2**, **R0** = 8, **r** = 8, **k** = 8. O exemplo da Fig.3 mostra uma ourela com **Ro** = 8, **r** = 8 e o número de remalhagens **k** = 5.

5					0								0			
4				0		0						0		0		
3			0				0				0				0	
2		0						0		0						0
1	0								0							
	1	2	3	4	5	6	7	8	1	2	3	4	5	6	7	8

Figura 3. Puncionamento simples invertido.

= No caso da ourela dupla inversa, o padrão de ourela é igual ao dobro do número de remalhos, ou seja, o número de fios principais com ourela é o dobro do número de remalhos (Fig. 4) **r 2k**. No exemplo da Fig.4, **R0** = 12, **r** = 12, **k** = 6.

6						0	0											0
5					0			0									0	
4				0					0							0		

3			0							0						0		
2		0									0				0			
1	0											0	0					
	1	2	3	4	5	6	7	8	9	10	11	12	1	2	3	4	5	6

Figura 4. Listra dupla invertida em remissão.

O trespasse invertido no padrão em remiz (Fig. 5), como se vê, tem diagonais rectas e inversas repetidas no relatório do trespasse, número que corresponde ao número de tiras da mesma trama, pelo que no relatório deste trespasse aumenta significativamente o número de fios de urdidura amostrados sem aumentar o número de remizki. No nosso exemplo R_0 = 22, **r** = 22, **k** = 4.

4				0				0				0				0				0		
3			0				0				0		0				0				0	
2		0				0				0				0				0				0
1	0				0				0						0				0			
	1	2	3	4	5	6	7	8	9	10	11	12	13	14	15	16	17	18	19	20	21	22

Fig. 5. Puncionamento inverso do modelo em remise.

A riscagem inversa em remise é utilizada para tecidos com padrões longitudinais simétricos e tecelagens.

A rémise a rémise é utilizada quando se tecem tecidos com duas ou mais tramas diferentes. Os rémisks são divididos em abóbadas (Fig.6 e Fig.7), contendo um número diferente ou igual de rémisks. O número de abóbadas num molho é igual ao número de tramas do tecido. Existem abóbadas contínuas (Fig.6) e contínuas (Fig.7) dos fios principais num remise.

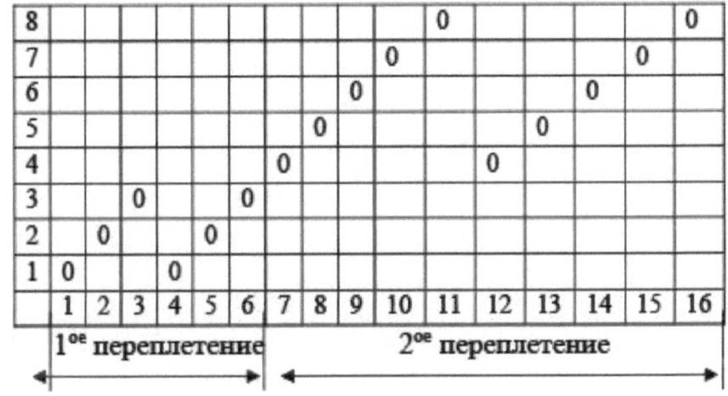

1ª trama 2ª trama

Figura 6. Puncionamento descontínuo consolidado em remise.

Na recolha interrompida em abóbada em remissão (Fig. 6), os fios de teia são recolhidos primeiro numa abóbada e depois noutra abóbada. No nosso exemplo, para a primeira trama, o padrão de urdidura R_{01} = 6 e a urdidura é recolhida em três urdiduras (primeira urdidura), e para a segunda urdidura, o padrão de urdidura R_{02} = 10 e a urdidura é recolhida nas cinco urdiduras seguintes (segunda urdidura). A relação de tecelagem total **R0** = 16 e o número total de remalhagens **k** = 8, a relação de amostragem **r** 16. A franja descontínua consolidada é utilizada na produção de tecidos com riscas longitudinais ou quadradas de vários tipos de tecelagem, repetidas várias vezes na tira.

Na faixa contínua consolidada, os fios de urdidura de uma trama são colocados (passados) entre os fios de urdidura da outra trama (Fig. 7).

8								0								0
7						0								0		
6				0								0				
5		0								0						
4							0								0	
3					0								0			
2			0								0					
1	0								0							
	1	2	3	4	5	6	7	8	9	10	11	12	13	14	15	16

Figura 7. Probit contínuo consolidado em remissão.

A Fig. 7 mostra que são utilizados dois tipos de tecelagem para a produção do tecido e que os fios de urdidura de cada tecelagem são colocados nas abóbadas, alternando as ourelas de cada fio. = A relação de base para a primeira abóbada e a segunda abóbada no nosso caso **R01 R02** = 4, o número de remalhetes para cada abóbada é quatro. = + A relação de base total **R0 R01 R02** = 4 + 4 = 8, o número de remates **k** = 8.

A recolha reduzida (por padrão) é utilizada na tecelagem de tecidos de padrão fino com um grande número de fios de teia do mesmo tecido no rapport, que são recolhidos na mesma remizka (Fig.8).

4						0	0							0	0	
3					0			0					0			0
2		0	0							0	0					
1	0			0					0			0				
	1	2	3	4	5	6	7	8	1	2	3	4	5	6	7	8

Figura 8. Proborka in remise abreviado.

Desvantagens do terceiro grupo de rolhas: número desigual de galgas nas nervuras; carga desigual nas nervuras individuais; complexidade do arrolhamento.

número desigual de galgas nas nervuras; carga desigual nas nervuras individuais; complexidade do arrolhamento.

CAPÍTULO 3

3.TRAMAS PRINCIPAIS (FUNDAMENTAIS)

Uma trama principal é uma trama em que cada fio de urdidura e de trama se sobrepõe ou é sobreposto por apenas um fio do sistema oposto dentro do suporte, ou seja, dentro do suporte há uma sobreposição principal para cada fio entre os outros fios de trama ou uma sobreposição de trama entre as outras sobreposições principais. === A deslocação da sobreposição é constante So const, Sy const e as relações de trama são Ro Ry. Existem três tipos de tramas principais, cada uma definida pelos seus próprios parâmetros: lisa; sarja; acetinada (cetim).

tecido liso

A trama caracteriza-se pelo facto de cada fio de trama estar entrelaçado com cada fio de teia. = = Os parâmetros dos tecidos de trama simples são Ro Ry = 2, So Sy = 1. Os tecidos lisos têm o mesmo número de sobreposições de urdidura e trama na frente e no verso. O aspeto dos tecidos lisos depende dos seguintes factores: tensão da teia e da trama (determina a quantidade de flexão dos fios de um sistema em relação ao outro, ou seja fase da estrutura do tecido); densidades da urdidura e da trama (um tecido com uma densidade de urdidura elevada apresenta cicatrizes longitudinais na superfície e um tecido com uma densidade de trama elevada apresenta cicatrizes transversais na superfície); > > a relação entre as densidades lineares da urdidura (To) e da trama (Tu), (a To Tu aparecem cicatrizes longitudinais na superfície do tecido e a Tu Tu cicatrizes transversais); o tamanho do pesponto e a posição do escalo em altura (com o aumento do pesponto e a alteração da posição do escalo em altura, a superfície do tecido apresenta uma estrutura mais rígida e uniforme); a direção de torção dos fios de teia e de trama (com a mesma direção de torção dos fios de teia e de trama, a superfície do tecido tem um padrão de trama simples mais pronunciado); a partir dos valores e da direção de torção dos fios de teia ou de trama, a utilização de dois fios de teia com torção diferente (**Z**) e (**S**) forma um tecido com superfície ondulada (e a utilização de dois tipos de fios de trama com torção diferente (**Z**) e (**S**) forma um tecido com efeito crepe na superfície); do tipo e da cor dos fios de urdidura e de trama (a utilização de fios lisos e brilhantes de cores diferentes (contrastantes) na urdidura e na trama forma uma iridescência multicolorida na superfície do tecido); o aspeto do tecido acabado depende do método e do tipo de acabamento. A produção de tecido de ponto liso requer apenas duas remizki, mas o tecido terá uma densidade baixa na base. Por conseguinte, ao produzir tecidos mais densos

Nos tecidos de ponto liso, são utilizadas quatro, seis e, por vezes, oito espátulas para a perfuração. O tecido é produzido por meio de uma linha (Fig. 1) e de uma separação dispersa (Fig. 2). A separação dispersa é a mais racional, uma vez que três faixas lado a lado são movimentadas simultaneamente, o que reduz o atrito entre as faixas e os fios, o que reduz a rutura dos fios de teia e aumenta a vida útil das faixas.

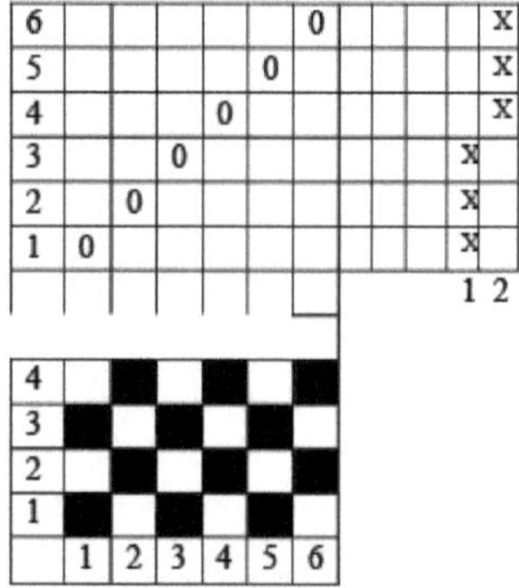

Fig.1.Padrão de enchimento de tecido liso.

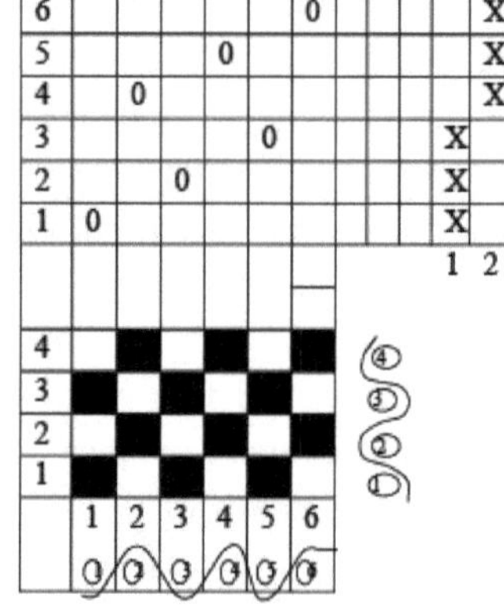

Figura 2. Padrão de enchimento do tecido plano.

Tecido de sarja

Uma das caraterísticas da sarja é o facto de a sobreposição de cada fio principal ser deslocada, formando linhas diagonais inclinadas (degraus) num ângulo de 45^0, que correm da esquerda para a direita. = > = = ±A relação mais pequena de uma sarja é de três fios Ro Ry 2, e a relação máxima é determinada pelo tamanho da prancha, cujo comprimento não deve exceder 4 mm. A sarja é indicada por uma fração em que o numerador indica o número de sobreposições principais e o denominador o número de sobreposições de trama, sendo a soma do numerador e do denominador a relação da trama. A frente e o verso do tecido não são iguais porque o comprimento das sobreposições principais e de trama são diferentes e as riscas diagonais têm direcções diferentes. A Fig.3 mostra o padrão de enchimento completo da sarja 1/3 e da sarja 3/1 (Fig.4). O rácio da trama é a soma do numerador e do denominador:

= Ro R= 1 + 3 = 4, = = ENTÃO Su 1 (Fig.3)

= Ro R= 3 + 1 = 4, = ENTÃO Su = -1 (Fig.4)

Se as sobreposições de trama predominam na parte da frente do tecido, a sarja designa-se por sarja de trama (Fig. 3). É aconselhável produzir sarjas de trama com uma densidade de trama elevada. Se as sobreposições principais prevalecerem na parte da frente do tecido, a sarja designa-se por sarja principal (Fig. 4). É aconselhável tecer o tecido em sarja básica com uma densidade de urdidura elevada. Para tecer em sarja, utiliza-se uma linha purl.

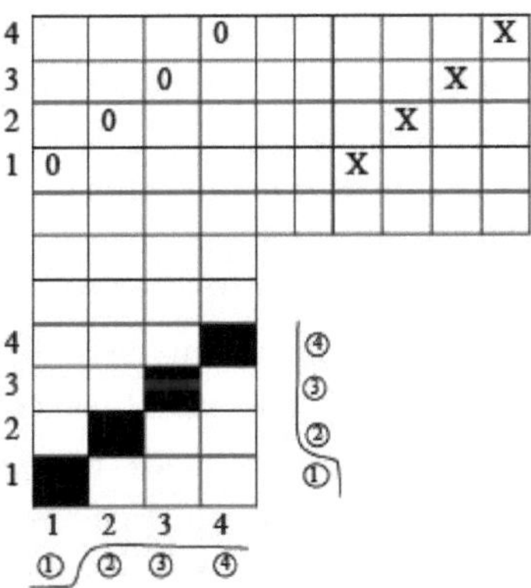

Figura 3. Padrão de apresto completo da sarja 1/3.

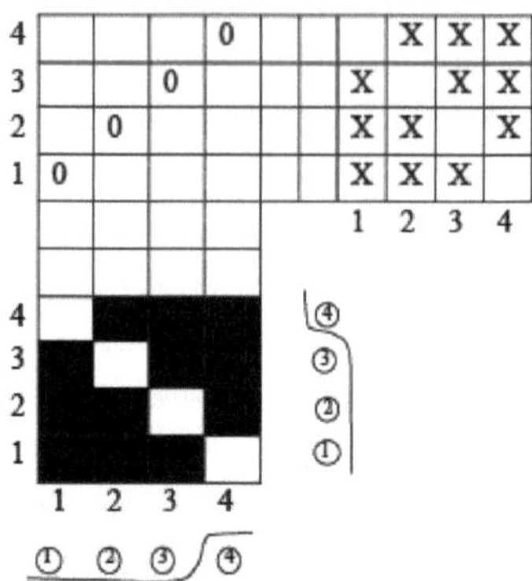

Figura 4. Padrão de enchimento completo de uma sarja 3/1.

A nitidez das diagonais na superfície dos tecidos depende dos seguintes factores direcções de torção da teia e da trama (obtém-se uma diagonal pronunciada na superfície do tecido utilizando diferentes direcções de torção da teia e da trama); espessura dos fios da teia e da trama (quanto mais finos forem os fios da teia e da trama, mais brilhantes serão as diagonais na superfície do tecido); a tensão do fio de urdidura (o aumento da tensão do fio de urdidura na produção de sarja de urdidura torna as diagonais na superfície do tecido menos pronunciadas, enquanto na produção de sarja de trama são mais pronunciadas e vice-versa); a quantidade de sobrecostura (quando se trabalha com sobrecostura, as diagonais na superfície do tecido de sarja de trama são mais pronunciadas, enquanto quando se trabalha sem sobrecostura, as diagonais na superfície do tecido de sarja de urdidura são mais pronunciadas).

Tecido acetinado (cetim)

Uma caraterística do tecido acetinado é que a trama dos fios principais e de trama do tecido é realizada por meio de sobreposições únicas de fios principais ou de trama, que são deslocadas umas em relação às outras pela mesma quantidade de deslocamento e distribuídas uniformemente dentro do padrão de trama. < < A trama de cetim é representada por uma fração, em que o numerador indica o padrão de trama **R** e o denominador o deslocamento **S**, sendo que o numerador **R** e o denominador **S** não devem ter um divisor comum e, para o deslocamento, deve ser observada a condição **1 S R - 1**. O tecido acetinado forma longas sobreposições de trama na superfície frontal do tecido (a densidade da trama é superior à densidade da urdidura) e as sobreposições principais simples estão distribuídas uniformemente na área de relacionamento com um deslocamento horizontal na trama sy. A trama acetinada forma sobreposições principais longas na parte da frente do tecido (a densidade do tecido na urdidura é superior à densidade na trama) e as sobreposições de trama simples distribuem-se uniformemente na área de suporte com um deslocamento vertical na urdidura S_o. Para evitar o deslizamento do fio no tecido, a sobreposição simples e curta de cada fio deve ser colocada mais perto do centro da sobreposição longa do fio anterior. Por exemplo, para uma trama com **R** = 11, é conveniente considerar o deslocamento como sendo cinco ou seis. A construção de uma trama acetinada é efectuada na sequência seguinte:

1. Em papel quadriculado, desenhar um quadrado cujo número de células é igual ao número de relações da trama R_o e R_y, numerar os fios principais e os fios de trama.
2. A primeira grande sobreposição é marcada na intersecção do primeiro sumidouro com a primeira base.
3. A segunda laje de base é marcada na intersecção da segunda pia com a base subsequente, determinada pela quantidade de deslocamento horizontal para a direita em relação à primeira laje.
4. A terceira laje de base é marcada na intersecção da terceira pia com a base subsequente, determinada pela quantidade de cisalhamento horizontal em relação à segunda laje, e assim por diante.

O tecido de cetim é construído de forma semelhante:

1. A primeira sobreposição de trama é considerada como o ponto de partida e é definida pela intersecção da primeira teia e da primeira trama.
2. A segunda sobreposição de trama é marcada na intersecção da segunda base com a trama subsequente, determinada pela quantidade de deslocamento vertical para cima em relação à primeira sobreposição.
3. A terceira sobreposição de trama é marcada na intersecção da terceira base com a trama subsequente, determinada pela quantidade de cisalhamento vertical em relação à segunda sobreposição, etc.

A Fig.5 mostra o padrão de enchimento completo do tecido acetinado e a Fig.6 mostra o padrão do tecido acetinado construído com base no cetim 5/2 e no cetim 5/2.

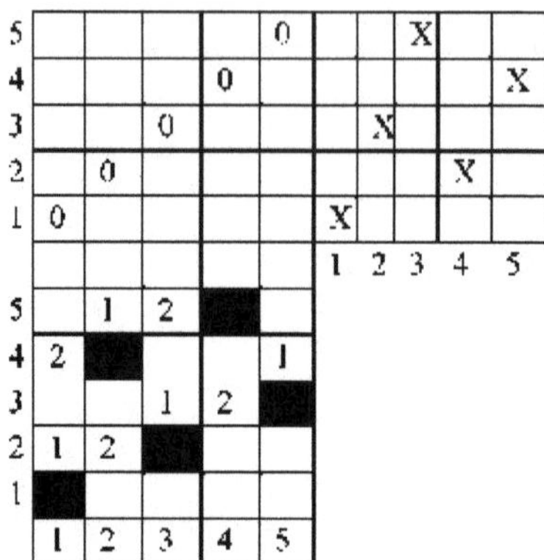

Figura 5. Padrão de enchimento completo do tecido de cetim.

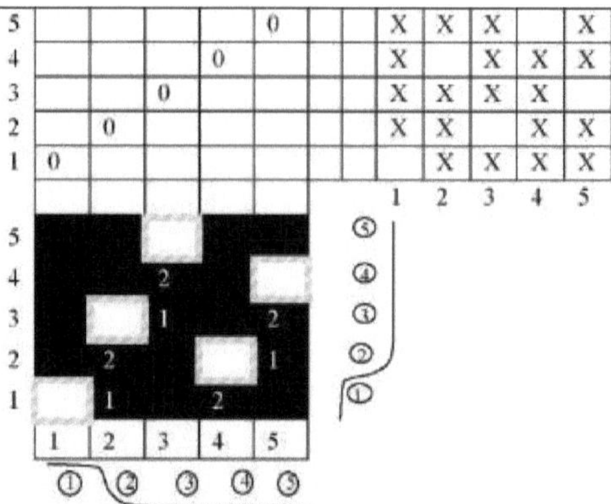

Figura 6. Padrão de enchimento completo do tecido de cetim.

= Como se pode ver, o padrão de tecelagem R_o $R_y = 5$, e o deslocamento horizontal $s_y = 2$ (para o cetim) e o deslocamento vertical $s_o = 2$ (para o cetim) são aplicados no sentido da linha. Os pontos seguintes devem ser tidos em conta na conceção e produção de tecidos acetinados ou acetinados:

-quando o rácio de tecelagem aumenta, a resistência do tecido diminui e o tecido tem uma textura suave e brilhante, e vice-versa, quando o rácio de tecelagem diminui, a resistência do tecido aumenta e a superfície do tecido tem uma textura menos suave e brilhante; para evitar riscas na superfície do tecido, o número de turnos deve ser próximo de metade do rácio de tecelagem, o que assegura uma distribuição uniforme das sobreposições, assim como os fios de teia devem ter uma direção de torção oposta à direção das sobreposições no tecido;

Um aumento da densidade linear da urdidura e da trama forma uma superfície mate do tecido e uma diminuição da densidade linear da urdidura e da trama forma uma superfície brilhante do tecido; um aumento da densidade do tecido na urdidura (para o tecido acetinado) e na trama (para o tecido acetinado) aumenta o brilho na superfície do tecido e vice-versa.

4.DERIVADOS DAS PRINCIPAIS TRAMAS

As tranças derivadas são tranças de padrão fino que conservam as caraterísticas essenciais das tranças principais e são formadas através da modificação das tranças principais. Regra geral, as caraterísticas de diferentes tipos de tecelagem não são misturadas num padrão, o que distingue essencialmente os derivados das tecelagens principais das tecelagens combinadas. Distinguem-se os derivados de tecelagem simples, de sarja e de cetim (cetim). Os derivados do ponto de tafetá são obtidos reforçando sobreposições simples de fios de ponto de tafetá no sentido da teia ou da trama ou no sentido de ambos os sistemas de fios. Uma trama de base obtém-se reforçando uma única sobreposição de fios de trama simples no sentido da urdidura.

A repetição **principal** é indicada por uma fração, cujo numerador indica o valor da tábua principal (sobreposição) e o denominador o valor da tábua de trama (sobreposição), os fios principais da relação de tecelagem.

A relação de trama é igual à soma do numerador e do denominador, e a relação de urdidura é igual à relação da trama de base, ou seja, da trama simples. A Fig.1 mostra o padrão de enchimento completo da repetição de base 2/2, em que $R_o = 2$, $R_y = 4$.

Como se pode ver pelo corte do tecido, as tramas estão localizadas ao longo do tecido, uma vez que a superfície da frente e do verso do tecido está coberta por um denso conjunto de fios principais e a trama não é visível. Se a densidade do tecido na teia permitir produzir o tecido, o número de tramas num penso pode ser considerado como dois.

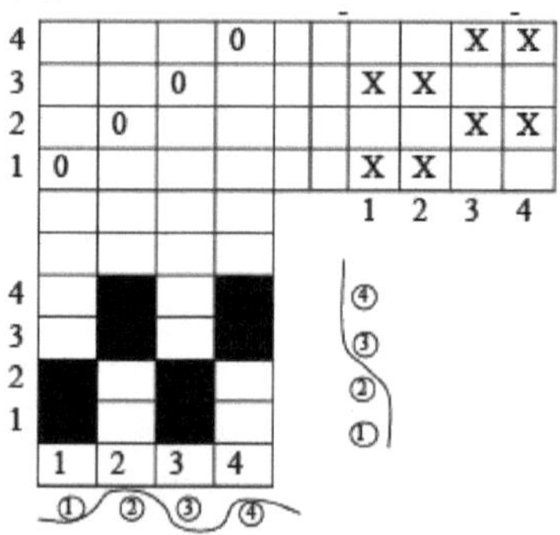

Figura 1. Padrão de enchimento completo da repetição principal 2/2.

A relação de trama é indicada por uma fração, cujo numerador indica o valor da prancha principal (sobreposição) e o denominador o valor da prancha de trama (sobreposição) dos fios de trama dentro do padrão de tecelagem. A relação de urdidura é igual à soma do numerador e do denominador, e a relação de trama é igual à relação de trama básica (simples). A Fig. 2 mostra o padrão de enchimento completo de uma repetição de trama 2/2, em que $R_o = 4$, $R_y = 2$.

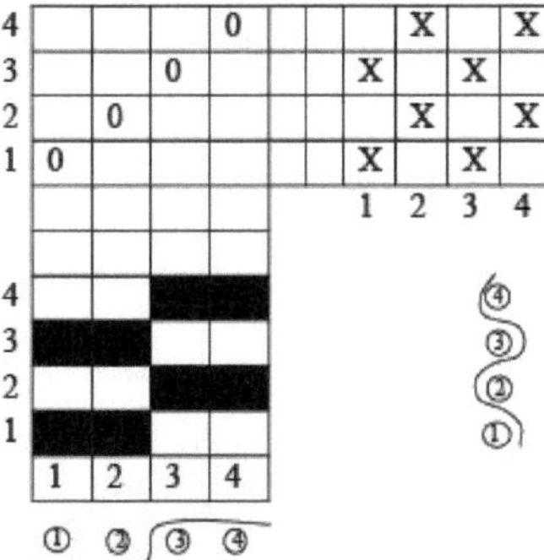

Figura 2. Padrão de enchimento completo da repetição de trama 2/2.

O corte mostra que os pontos de soldadura estão situados ao longo do tecido, uma vez que a superfície da frente e do verso do tecido está coberta por um denso conjunto de fios de trama e a teia não é visível. Para a produção deste tecido, se a densidade da urdidura o permitir, o número de cortes na confeção pode ser considerado como dois, utilizando a cortiça nos cortes de acordo com o padrão. Se a sobreposição for aumentada, na direção de apenas uma teia do rapport de tecelagem, obtém-se uma meia-repetição básica. A Fig.3 mostra o padrão de enchimento completo da meia-repetição básica 3/1, em que $R_o = 2$ e $R_y = 4$, ou seja, a soma do numerador e do denominador.

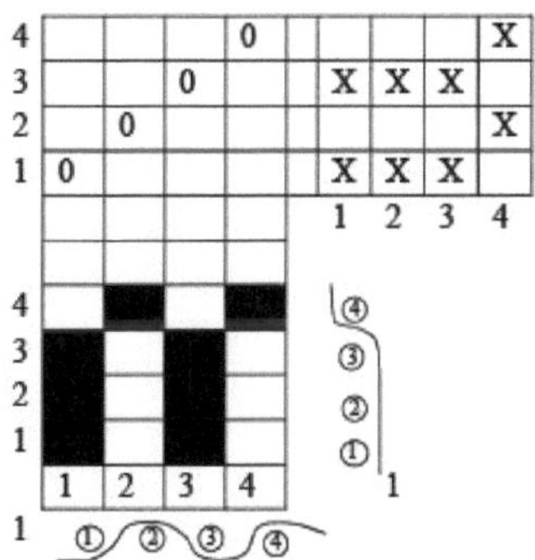

Figura 3. Padrão de preenchimento completo da meia-repetição básica 3/1.

Ao reforçar uma única sobreposição na direção de apenas uma trama dentro do padrão de trama, obtém-se uma meia-repetição de trama. A Fig.4 mostra o padrão de enchimento completo de uma meia-repetição de trama 3/1, em que a soma do numerador e do denominador é R_o=4, e a relação de trama é igual à da trama básica (simples).

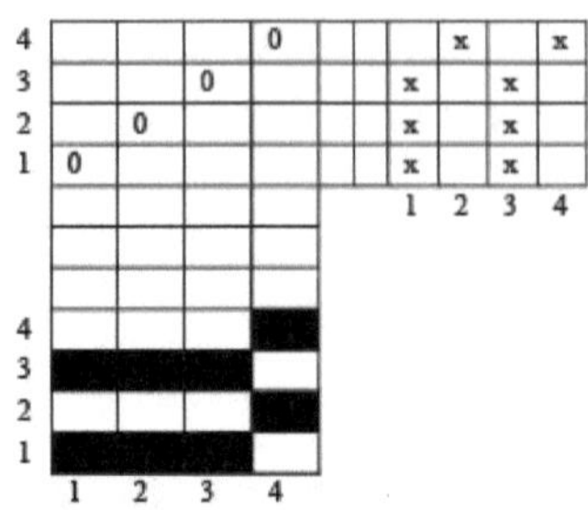

Fig. 4. Padrão de enchimento completo de uma meia-repetição de trama 3/1.

O efeito externo de repetição pode ser obtido em tecidos de ponto liso pelos seguintes métodos: por uma diferença acentuada nas densidades lineares dos fios de teia e de trama; pela utilização de dois tipos de trama, grossa e fina. Para este efeito, é necessário dispor de um dispositivo multicolor na máquina e a colocação da trama deve ser efectuada na proporção de 1:1 (pico a pico). Esta alternância de trama cria saliências (trama grossa) e depressões (trama fina) no tecido; diferenças na tensão da teia, por exemplo, fios de teia pares com alta tensão e fios de teia ímpares com baixa tensão, enrolados em fios de teia separados.

Quando uma única sobreposição em tecido simples é alongada simultaneamente nas direcções da trama e da teia, obtém-se um tecido simples. Uma trama simples é designada por uma fração, em que o numerador corresponde ao número de sobreposições no sentido da teia e o denominador no sentido da trama. A soma do numerador e do denominador é a relação entre a teia e a trama. = A Fig.5 mostra o padrão de enchimento completo de uma bobina 2/2, em que Ro Ry = 4. O tecido Cotte tem um efeito em forma de pequenos quadrados (damas). A combinação de pepino e colza num único retrato forma uma "cotte". Isto permite obter uma maior variedade de padrões com um número diferente de relações, tanto na teia como na trama. Por conseguinte, não é possível definir o padrão de uma bombazina moldada por qualquer fração.

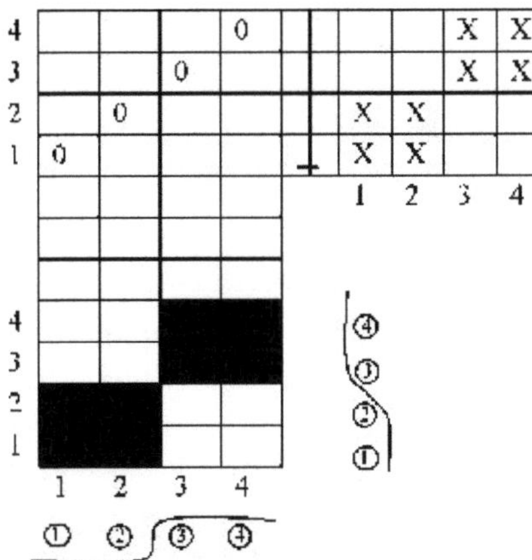

Figura 5. Padrão de enchimento completo da corneta 2/2.

A Fig.6 mostra o padrão de enchimento de uma corneta moldada com base numa corneta irregular com uma repetição de base.

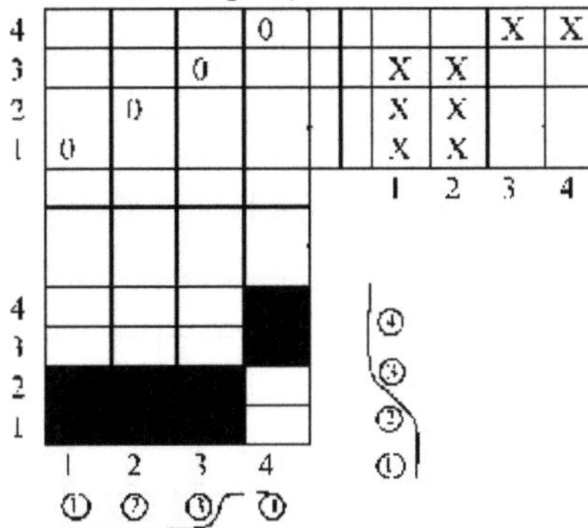

Figura 6. Padrão de enchimento da corneta moldada com base na corneta irregular com repetição de base.

Recomenda-se a utilização da mesma densidade linear de urdidura e trama, bem como a mesma densidade de urdidura e trama.

Derivados de sarja

Os derivados de sarja são obtidos reforçando as sobreposições de sarja simples da trama de sarja principal, alterando o sinal de cisalhamento, reforçando as sobreposições e alterando o sinal de cisalhamento. Os derivados da sarja incluem a sarja reforçada, a sarja composta, a quebrada, a sarja em losango (cruz), a sarja com deslocamento inverso, a sarja em ziguezague, a sarja sombra, etc. A sarja reforçada é formada a partir da sarja simples, acrescentando sobreposições de base na direção da urdidura ou da trama.

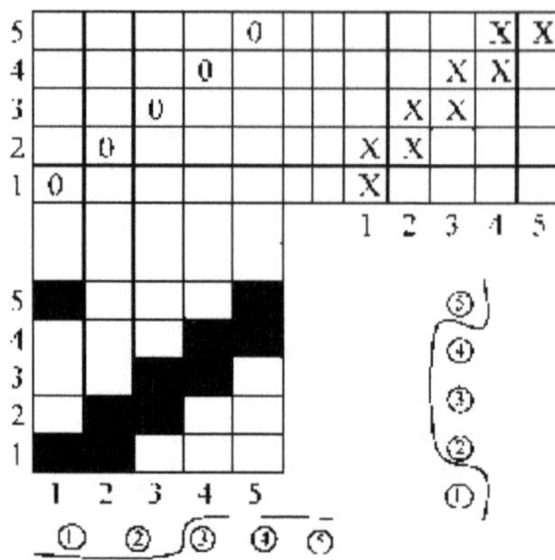

Figura 7. Padrão de enchimento da sarja reforçada 2/3.

A sarja reforçada é indicada por uma fração, em que o numerador é o número de sobreposições principais e o denominador é o número de sobreposições de trama. A soma do numerador e do denominador é a relação de sobreposição da teia e da trama. A sarja reforçada pode ser com efeito de trama, onde as sobreposições de trama predominam na superfície frontal (Fig.7), ou com efeito básico, onde as sobreposições básicas predominam na superfície frontal (Fig.8).

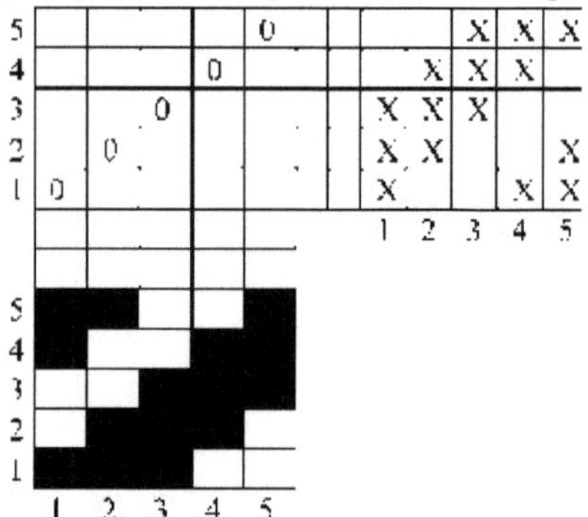

Figura 8. Padrão de enchimento da sarja reforçada 3/2.

Se o número de sobreposições (fio principal e trama) for o mesmo em ambos os lados da superfície do tecido (frente e verso), a sarja é designada por dupla face (Fig.9), a diferença entre a frente e o verso é apenas na direção das riscas diagonais.

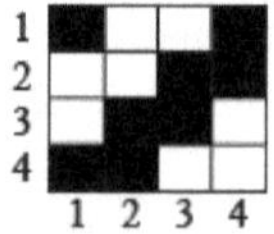

Figura 9. Trama de sarja reforçada 2/2.

= A figura 7 mostra o padrão de enchimento completo da sarja reforçada 2/3, em que Ro Ry = 2 + 3 = 5, com base na sarja simples 1/4. = A Fig.8 mostra o padrão de enchimento completo da sarja reforçada 3/2, em que Ro Ry = 3 + 2 = 5, construído com base na sarja simples 4/1. = E na fig. 9, um fragmento da trama da sarja reforçada 2/2, em que Ro Ry = 2 + 2 = 4, construída com base na sarja simples 1/3. A sarja reforçada forma riscas diagonais largas e mais nítidas na superfície do tecido e tem ligaduras de urdidura e de trama mais fortes do que na sarja simples.

A sarja complexa (multibanda) caracteriza-se pela presença de linhas de sarja de diferentes larguras numa ou mais relações. Resulta da construção de duas ou mais sarjas (simples ou reforçadas) em sucessão. A relação de uma sarja complexa é indicada por várias fracções, cada uma das quais constitui uma trama de base em sarja

= = + Ro Ry R1 R2 + ... Rn

A soma do numerador e do denominador de uma sarja complexa constitui igualmente a relação de urdidura e de trama do tecido. =Por exemplo, vamos construir uma sarja complexa 1/2 2/2 (Fig.10), em que a relação na base e na trama é Ro Ry=1+2+2+2+2+2=7

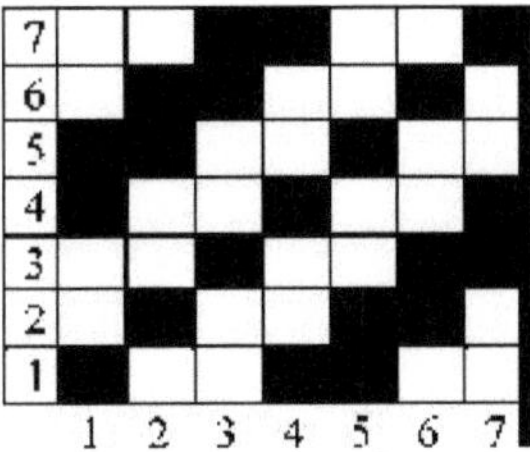

Figura 10. A trama de uma sarja complexa 1/2 2/2.

A figura mostra que, para cada fio de trama dentro do rapport, há uma sobreposição principal, duas sobreposições de trama, duas sobreposições principais e duas de trama, o deslocamento do fio é igual a um **S=1**. A sarja complexa pode ser de trama, de teia e de dupla face, consoante o número de sobreposições na frente e no verso do tecido.

Uma sarja reversa quebrada obtém-se alterando o sinal de deslocação de So ou Sy de mais para menos após um determinado número de fios de teia Co ou de fios de trama Ku. A alteração do sinal do deslocamento provoca uma mudança na direção da diagonal. A sarja quebrada é construída com base em qualquer tipo de trama de sarja e a construção é feita na direção da urdidura (quebrada na urdidura) ou da trama (quebrada na trama) e os topos dos dentes estão localizados no mesmo nível, ou seja, o deslocamento dos dentes é zero. Os padrões são formados na superfície do tecido sob a forma de riscas longitudinais, diferindo umas das outras pela direção das diagonais da sarja, que absorvem e reflectem de forma diferente os raios de luz, pelo que algumas riscas parecem escuras e outras claras. Normalmente, a parte esquerda do padrão (incluindo a parte superior do pino) é constituída por uma trama básica (tem uma diagonal reta que se dirige da parte inferior esquerda para a parte superior direita) e a parte direita do padrão (após a parte superior do pino) tem uma diagonal inversa que é perpendicular à diagonal reta, sendo as diagonais inversas mais curtas do que as diagonais rectas.

Padrão de tecelagem de sarja quebrada na teia

$= R_o\ 2\,C_o - \mathbf{2}$, $= R_y\ R_6$

Sarja quebrada no pato

$= R_y\ 2\,K_u - \mathbf{2}$, $= R_o\ R_6$

em que: R_6 - relação da sarja de base utilizada para a construção da sarja partida; C_o, K_u - respetivamente o número de fios principais e de fios de trama, após o que se muda o sinal do desvio S_o e S_y de mais para menos.

Obtém-se uma sarja de urdidura quebrada mudando o sinal do desvio da urdidura após o C_o dos fios da urdidura da sarja de base, mantendo o sinal do desvio da trama. A ordem de construção de uma sarja quebrada sobre a base: definir a sarja de base; definir o número C_o após o qual se muda o sinal do deslocamento na base; calcular a relação na base e na trama da sarja quebrada; construir o padrão de trama da sarja quebrada sobre a base. = = Exemplo: para construir uma trama de sarja quebrada sobre a base de sarja 1/5 número C_o = 6, após o que mudamos o sinal do deslocamento (Fig. 11) $R_o\ 2$ **Co-2** = 2 x 6 -2 = 10, $R_y\ R_6$ = 6. A purga em remalhete é invertida em seis remalhetes.

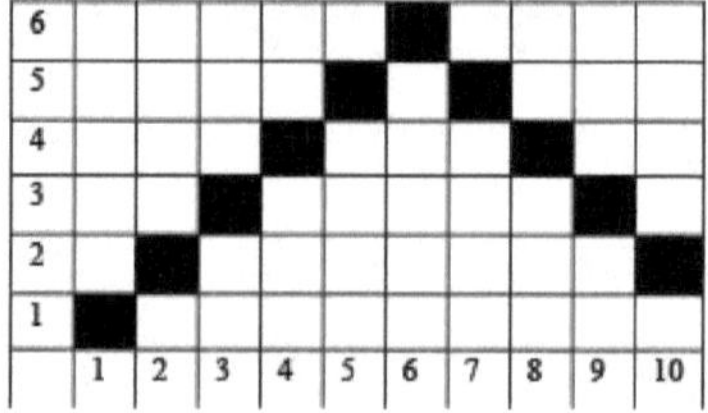

Figura 11. Entrelaçamento de sarjas partidas sobre uma base de 1/5 de sarja.

Exemplo: construir o padrão da trama da sarja quebrada na base 1/4, com o número $C_o = 10$ (Fig.12). $= R_o\ 2\,C_o - \mathbf{2}$ = 2 x 10 -2 = 18 = $R_y\ R_6$ = 5.

Da Fig.11-12 resulta que o número C_o é o eixo de simetria, pelo que a construção consiste na imagem espelhada da parte esquerda na parte direita do padrão. A perfuração no remise é utilizada em sentido inverso ou de acordo com o padrão

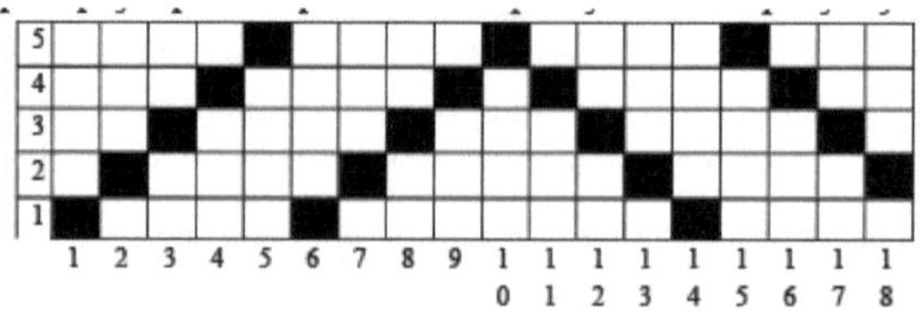

Fig.12. Entrelaçamento de sarja partida sobre uma base de 1/4 de sarja.

Obtém-se uma sarja de trama quebrada mudando o sinal do deslocamento da trama após os fios de trama K_u da sarja de base, mantendo o sinal do deslocamento da urdidura. Procedimento de construção: definir a sarja de base; definir o número K_u de fios de trama, após o que se altera o sinal do desvio de trama; calcular a relação de trama; construir uma sarja quebrada na trama. Exemplo: para construir uma sarja quebrada na trama com base na sarja 1/7, o número $K_u = 8$, após o que se muda o sinal do desvio na trama (Fig. 13). = = R_y 2 K_u - **2** = 2 x 8 -2 = 14. R_o R_6 = 8. Utiliza-se uma linha de urdidura purl para oito remises.

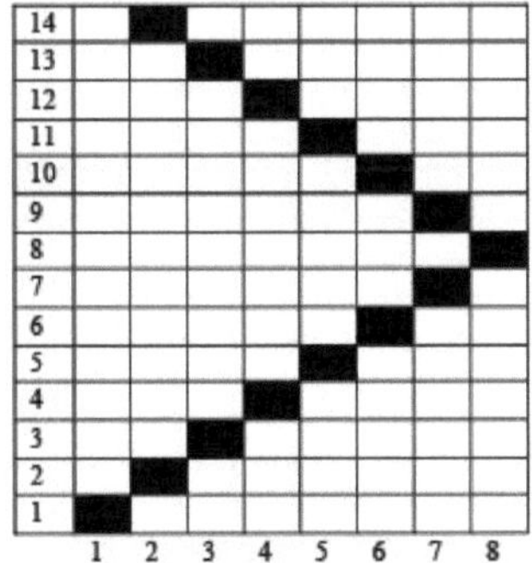

Fig.13. Trama de uma sarja quebrada de trama sobre uma base de sarja 1/7.

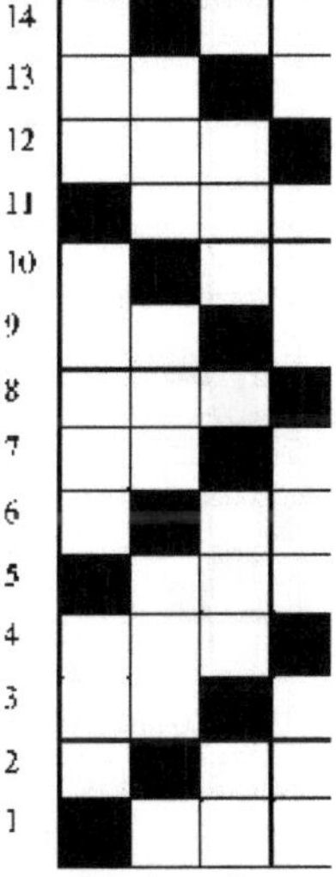

Fig.14. Trama de sarja quebrada sobre uma base de 1/3 de sarja.

Exemplo: construir uma sarja de trama quebrada sobre uma base de sarja 1/3, com $K_u = 8$, após o que o sinal do deslocamento da trama é alterado (Fig. 14). = = R_y 2 K_u - **2** = 2 x 8 -2 = 14. R_o R_6 = 4. Os fios de urdidura são purpurados em filas de quatro remises.

A sarja romboidal (em forma de cruz) obtém-se mudando o sinal do desvio S_o de mais para menos após um determinado número de fios principais C_o e mudando o sinal do desvio S_y de mais para menos após um determinado número de fios de trama K_u, ou seja, o método de construção de uma sarja quebrada na base e na trama é aplicado simultaneamente. A sarja serve de base para a construção e a sarja romboédrica é designada pela fração da trama de base. A sarja romboidal pode ser de base, de trama, equilátera, consoante o número de sobreposições nas duas superfícies (face, verso) do tecido. O método de construção da sarja romboidal (em forma de cruz): definir a trama de base. = = determinar o número de C_o e K_u, após o que mudar o sinal da mudança; determinar R_o e R_y sarja romboidal R_o $2C_o$ - **2**, R_y 2 K_u - **2**; na tela de papel, construir a trama de base e, em seguida, a partir da extremidade superior da diagonal reta da trama de base, continuar a construir três diagonais adicionais que divergem em três direcções num ângulo de 90 ^{0} entre si dentro do rapport, sendo o comprimento das diagonais adicionais mais curto em dois fios da diagonal reta. A Fig.15 mostra o padrão de enchimento completo da sarja de trama romboidal 1/4 (R_e=5), o número de fios após os quais muda o sinal da deslocação C_o=5, K_u=5. Relação da sarja romboidal:

= R_o 2 C_o - 2 = 2 x 5 - 2 = 8. = R_y 2 C_o - 2 = 2 x 5 - 2 = 8. O purl dos fios da teia no remate é invertido durante cinco remates.

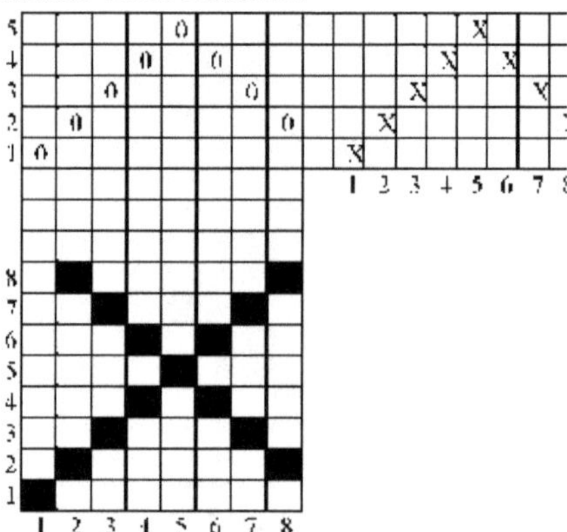

Fig. 15: Padrão de enchimento completo de uma trama de sarja em forma de 1/4 de diamante.

Para aumentar a resistência do tecido, é colocada uma sobreposição adicional no centro do losango. No nosso exemplo, podemos colocar uma sobreposição principal adicional na intersecção do primeiro fio principal e do quinto fio de trama.

A sarja de deslocamento inverso é uma combinação de sarja direita e esquerda, com a diferença de que, quando o sinal de deslocamento é alterado, a trama dos fios seguintes também é alterada, ou seja, as sobreposições principais são substituídas por sobreposições de trama e vice-versa. Deste modo, forma-se na superfície do tecido uma fronteira mais nítida entre as tramas das partes individuais e a direção das diagonais da sarja é diferente. Utilizam-se vários tipos de sarjas como base e as sarjas com deslocamento inverso são construídas aumentando duas ou mais vezes o número de fios na base da trama de base. Existe uma sarja de urdidura com deslocamento inverso e uma sarja de trama com deslocamento inverso. ==A relação de uma sarja invertida é **R 2K** no sentido da quebra e **R** R6 no outro sentido.

Método de construção: definir a trama da sarja de base; definir o número **K** a partir do qual a diagonal se quebra; calcular Ro e Ry; construir **K** fios da sarja de base; completar o padrão de trama. Exemplo de construção, para construir um padrão de dobra em sarja deslocada inversa na base da sarja 1/5, com Co = 6. =Raspar na base RO=2KO=2 x 6 =12, Ry R6=6. Na Fig.16, construímos a sarja de base 1/5 com Co=6 fios, depois mudamos o sinal do deslocamento e transferimos as sobreposições do principal para a trama e da trama para o principal na parte direita da figura. Para esta trama, utilizamos uma linha de urdidura de 12 repetições.

=A Fig.17 mostra a trama de uma sarja deslocada inversa construída com base na sarja 1/3, número **K=8**, Ro 2Ko=2 x 8 =16, R_y=4. O purl é utilizado interrompido para 8 remises.

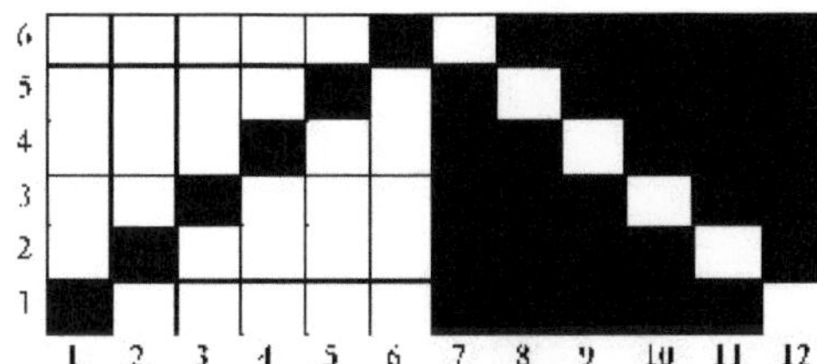

Figura 16. Trama de uma teia de sarja deslocada inversa sobre uma base de sarja 1/5.

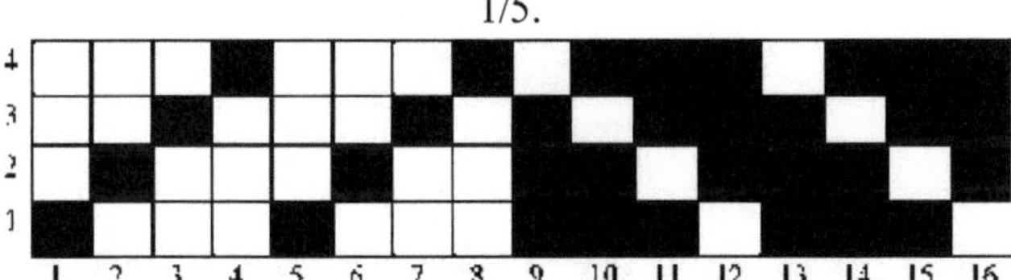

Figura 17. Trama de uma sarja deslocada inversa baseada na sarja 1/3.

Do mesmo modo, constrói-se uma sarja de trama com deslocamento inverso (Fig.18-19). = = = Na Fig.18, a sarja de deslocamento inverso na trama é construída com base na sarja 1/5, com Ku = 6, Ro R6 6, Ry 2Ku = 2 x 6 = 12, fios de urdidura em remalhagem, linha a linha, durante 6 remalhagens. = = Para a Fig.19 é construído com base na sarja 1/3, com o número Ku = 8, Ro R6 = 4, Ry 2Ku

= 2 x 8 =16. Os fios de urdidura são apanhados em filas para 4 remises.

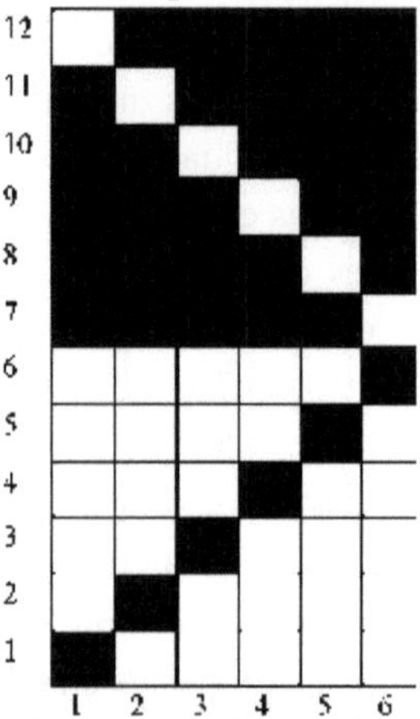

Fig. 18: Trama de uma sarja de trama deslocada inversa sobre uma base de 1/5 de sarja.

Figura 19: Trama de uma trama de sarja com deslocamento inverso sobre uma base de 1/3 de sarja.

A sarja de sombra é obtida por uma transição gradual da sarja de trama para a sarja de teia ou vice-versa. Existem sarjas de sombra de trama e sarjas de sombra de teia. = = Para uma sarja de sombra no sentido da urdidura, a relação de urdidura é Ro R6 x $\mathbf{K_{st}}$, em que $\mathbf{K_{(st)}}$ é o número de passos na relação de sarja de sombra $\mathbf{K_{(st)}}$ R6 - **1**. = Por conseguinte, Ro R6 (Re - **1**). = O relatório da trama Ry

R_e. Para a sarja de sombra no sentido da trama, a relação de trama = R_y R_e (R_e - 1). = Violação sobre a base R_o R_e. Os tecidos em sarja sombra são principalmente produzidos em máquinas jacquard. Exemplo: construir uma sarja sombra no sentido da urdidura, sobre uma base de sarja de trama 1/4, R_e = 5. = Relação na urdidura R_o R_e (R_e - 1) = 5 (5-1) = 20. = RAPPORT da trama R_y R_e = 5. Depois de determinar a relação R_o = 20 e o número de passos K_{st} = 5, desenhamos na tela (Fig.22) a relação da sarja de base R_e = 5, na qual a sarja de base 1/4 passa

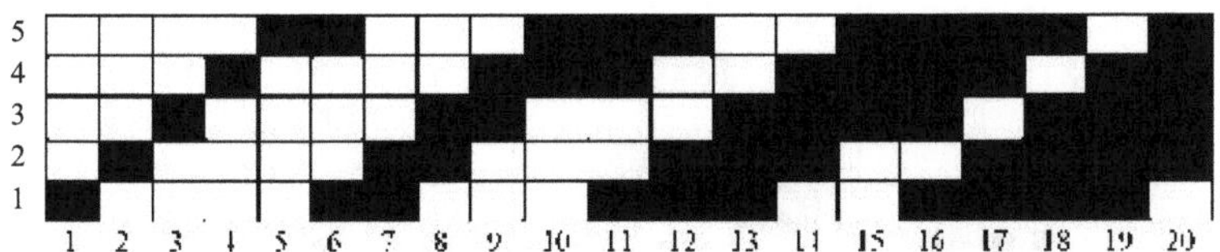

Figura 22: Sarja de sombra sobre uma base de sarja de 1/4 de trama.

gradualmente para a sarja de base 4/1.

Os fios de urdidura são recolhidos no remise em fila, o número de remises corresponde ao número de fios de urdidura no rapport da sarja de sombra.

Derivados de tecido acetinado (cetim)

Os cetins e os cetins reforçados são obtidos através do reforço de sobreposições principais simples (em tecidos acetinados) e de sobreposições de trama simples (em tecidos acetinados). **R>7, S>3** são utilizados para construir cetim e cetim reforçados. O reforço das tramas simples determina o aumento da força de fixação dos fios no tecido. O método de construção: definimos e desenhamos a relação do cetim de base. Às sobreposições simples acrescentamos uma ou várias sobreposições adicionais em qualquer direção a partir da sobreposição de base; o número de sobreposições adicionais não deve exceder o valor do deslocamento menos dois; a relação do cetim reforçado (cetim) é igual à relação da trama de base. Exemplo: construir um padrão de enchimento completo de cetim reforçado 7/3, com base no cetim correto 7/3 (Fig.23). = Em primeiro lugar, construímos um cetim regular com uma relação R_o R_y = 7, com um desvio **S = 3**. Em seguida, introduzimos a primeira sobreposição de base adicional na intersecção da primeira utoquina com a segunda base, a segunda sobreposição é definida pela segunda utoquina com a quinta base, cuja posição é determinada por um desvio igual a três, etc.

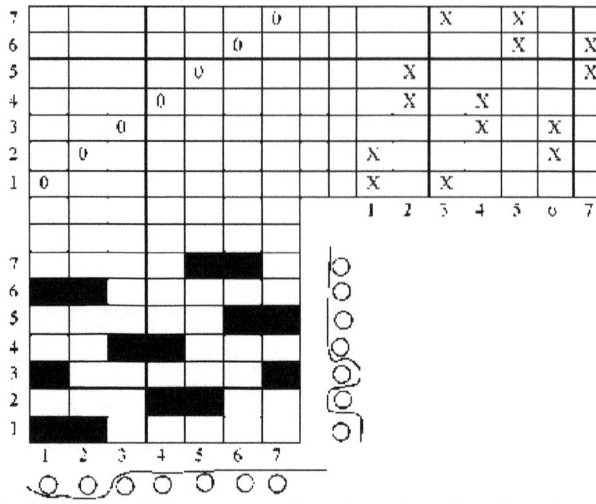

Fig. 23: Padrão de enchimento completo do cetim 7/3 reforçado com base no cetim 7/3.

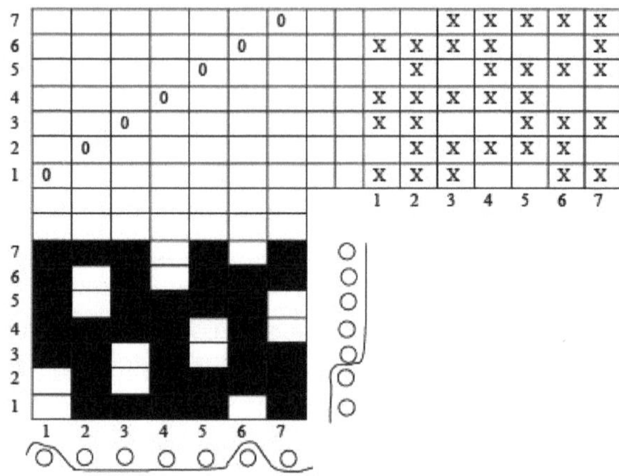

Figura 24. Padrão de enchimento completo do atlas 7/3 reforçado com base no atlas 7/3.

A Fig. 24 mostra o padrão de enchimento completo do cetim reforçado 7/3 baseado no cetim 7/3. Em ambos os casos, o purl é enfileirado e o número de bainhas é igual ao da trama de base.

Os cetins reforçados são utilizados para densidades de trama elevadas e os cetins reforçados para densidades de teia elevadas.

Cetins de sombra (cetins)

Os cetins de sombra (cetins) são obtidos através de uma transição gradual das sobreposições de trama para as sobreposições principais ou das sobreposições principais para as sobreposições de trama. Estas tramas são utilizadas principalmente em tecidos jacquard semelhantes à sarja sombra. Existem cetins de sombra (cetins) no sentido da trama e cetins de sombra (cetins) no sentido da teia. = Para o cetim sombra (cetim) no sentido da urdidura, a relação de base Ro R6 (Re - **1**), em que **R6** é a relação do cetim base (cetim). = A relação de trama Ry Re. = Para o cetim sombra (cetim) no sentido da trama, a relação de trama Ry Re (Re - **1**). = A relação de trama na base Ro Re. = Exemplo: para construir um cetim-sombra no sentido da base com base no cetim 5/2 (Fig.25), a relação do cetim de base Ro Ry = 5, o deslocamento de sobreposição é de dois **S** = 2. = A relação do cetim de sombra Ro Re (Re - **1**) = 5 (5-1) = 20. = A relação de trama Ry Re = 5. Na Fig.25, construímos o primeiro passo (fios de urdidura 1-5) do cetim básico (correto) 5/2, o segundo passo (fios de urdidura 6-10) do cetim reforçado, o terceiro passo (fios de urdidura 11-15) do cetim reforçado e o quarto passo (fios de urdidura 16-20) do cetim básico (correto) 5/2.

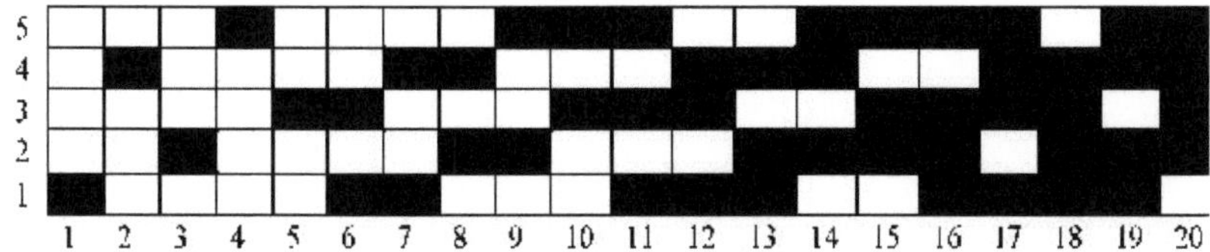

Fig. 25: Sombra de cetim na direção da teia sobre uma base de cetim 5/2

Cetins irregulares (cetins)

Os cetins irregulares podem ser obtidos com uma relação mínima **R=4** e a relação e o desvio têm um divisor comum. Estes cetins incluem os tecidos com relação **R=4**, R=6, etc. Para a construção de tais cetins (atlas), o deslocamento de sobreposição é variável. =Exemplo: para construir um cetim de quatro fios Ro Ry=4, o turno é variável **S=1**,2,3. A Fig. 26 mostra o padrão de enchimento completo do cetim irregular 4/1,2,3 e a Fig. 27 do cetim irregular 6/2,3,4.

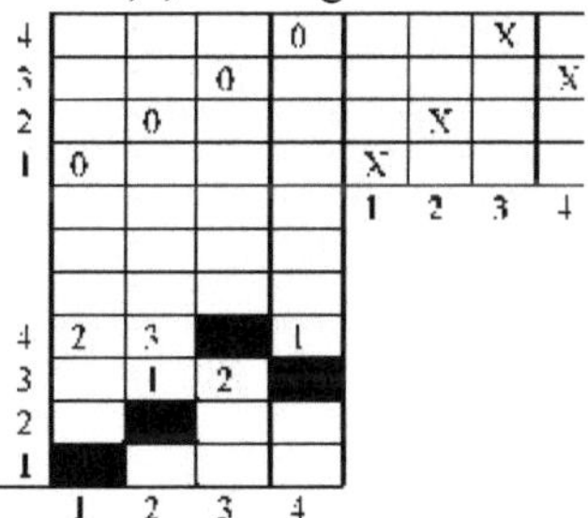

Fig. 26: Padrão de enchimento completo do cetim irregular 4/1,2,3.

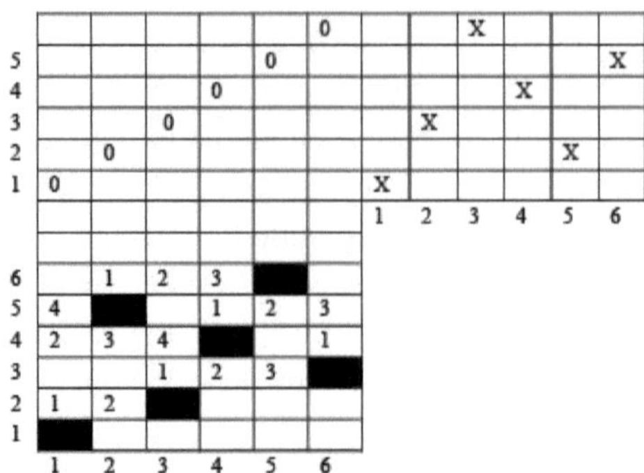

Figura 27. Padrão de enchimento completo de cetim irregular 6/2,3,4.

CAPÍTULO 5

5.TRANÇAS COMBINADAS

Estas tecelagens caracterizam-se por padrões de diferentes formas e carácter na superfície do tecido, que são formados pela combinação de tecelagens principais e derivadas. As tramas combinadas são construídas de forma a poderem ser produzidas com dobies. A formação de tramas combinadas é possível através dos seguintes métodos: combinação de tipos separados de tramas principais e derivadas; permutações de fios individuais ou de grupos de fios (urdidura, trama); seleção de fios coloridos em combinação com o padrão de trama (para padrões coloridos). Os tecidos combinados diferenciam-se em tecidos com motivos riscados ou axadrezados, waffle, diagonais, crepe, translúcidos, com pavimento fixo (welt), com motivos coloridos.

Tecidos com padrões às riscas e axadrezados

Estas tramas baseiam-se nas tramas principais e derivadas e formam riscas longitudinais e transversais, bem como células, que se encontram a toda a largura do tecido. Para melhorar o efeito sobre a superfície do tecido, são utilizados: fios de torção à esquerda e à direita, regulares e modelados; fios bicolores (fios enrolados com fios coloridos); canas especiais com diferentes densidades de pinos em função do padrão de tecelagem; mecanismos especiais de desvio do tecido com densidades variáveis. A tecelagem em banda pode ser efectuada ao longo da teia (banda longitudinal) ou transversalmente (bandas transversais). O padrão de tecelagem depende da largura das tiras, da densidade do tecido e do tipo de tecelagem de tiras. = +Para uma trama de riscas longitudinais, a relação de urdidura é igual à soma dos fios principais das tramas de base que constituem as riscas Ro P01 P02+.... Pop , em que: noi, Po2,.... Pop é o número de fios básicos de cada faixa. O número de fios principais de cada tira deve ser um múltiplo da relação da trama de base da tira
= = = noi Poї-αι; Po2 Poo2-α2; Pop Poη-αη. Onde: Poi, P02,. **Poi** - densidade do tecido na base em tiras, fio/cm; a1, a2, ap - largura das tiras que formam o rapport de trama, cm. O rapport de trama é definido como o menor múltiplo comum dos rapports de trama das tiras de trama.

Para a produção de tecidos com riscas longitudinais (Fig. 1), é utilizado um sistema consolidado de teia interrompida em remalhagem, em que o número de abóbadas é igual ao número de riscas no tecido de diferentes tecelagens. A produção de tecidos com riscas longitudinais é possível com os mesmos valores de mão de obra em cada tira, o que é conseguido através do mesmo número de sobreposições com iguais relações de fio de cada tira. Caso contrário, é necessário utilizar um enchimento multi-costura para os fios de teia de cada tira.

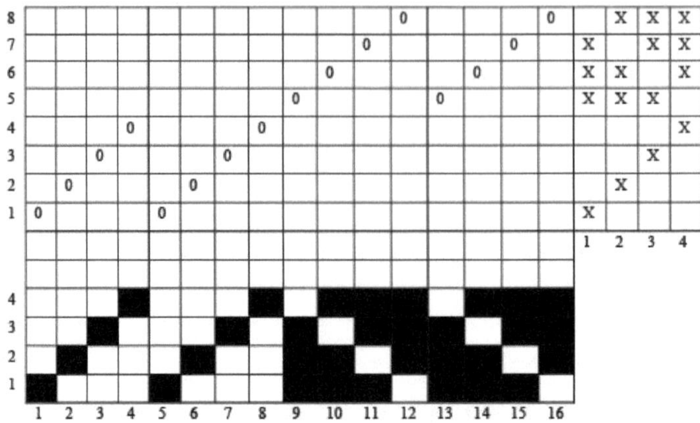

Figura 1. Padrão completo do tecido de riscas longitudinais.

Para separar claramente as riscas no bordo da transição, são colocadas sobreposições diferentes (trama-urdidura oposta ou trama-base oposta) ou são colocados fios adicionais (coloridos, de espessura diferente, tipo, etc.). ==Exemplo: para construir um tecido com duas riscas longitudinais Ro1 Ro2=20 fios/cm, largura das riscas a1 a2=0,4 cm, trama da primeira tira sarja de trama 1/3, e da segunda tira sarja 3/1. Esta variante de trama dá a possibilidade de produzir o tecido na máquina com um único fio de urdidura. A Fig.1 mostra o padrão de enchimento completo do tecido de faixa longitudinal à base de sarja 1/3 e 3/1. = + A relação de trama do tecido em faixa longitudinal na base Ro Poï-αı **Po2-α2** = 20 - 0,4+20 -0,4=16. = A relação de trama é o menor múltiplo comum de Ryi 4, Ry2 = 4, Ry 4. Recolha de fios no resumo descontínuo do remiz, o número de fios recolhidos no dente da cana é quatro.

Para uma trama de tiras cruzadas (Fig. 2), o padrão de trama é a soma dos fios de trama nas tiras que formam o padrão de trama

= +Ry nyi ny2+... Cocó, onde: Pu1,Pu2,... Pup - número de fios de trama em cada tira. = ^== O número de fios de trama em cada tira deve ser um múltiplo da relação de trama da trama de base da tira nyi Py ei; Pu2 Ru^v2; Poop Ru^vp. Onde: Ru - densidade do tecido na trama, fio/cm; c1, **c2**, c-largura **da** tira que forma a relação da trama, cm. A relação de base é definida como o menor múltiplo comum da relação na base da trama da tira.

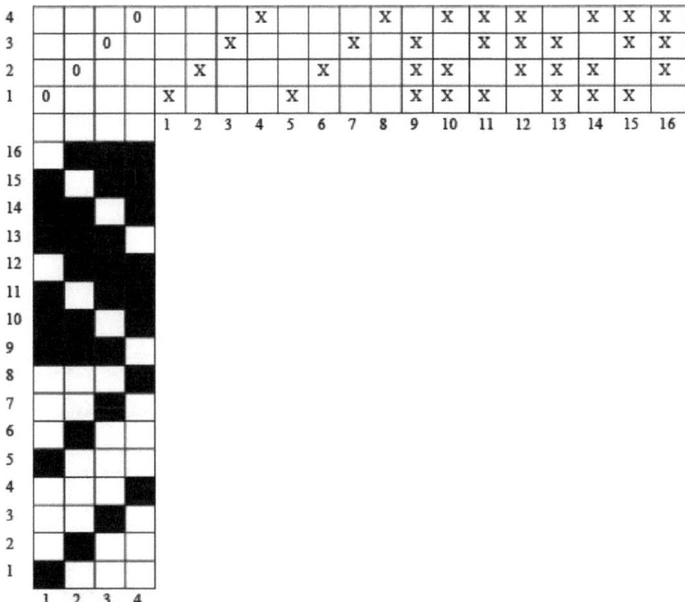

Figura 2. Padrão completo de tecido com riscas cruzadas.

Na tecelagem de tecidos com riscas transversais, utiliza-se a riscagem em linha. = = Exemplo: para construir um tecido com duas riscas transversais Rul Ru2 = 20 N/cm, a largura das riscas **em 1 pol2** = 0,4 cm, a trama da primeira tira em sarja de trama 1/3, e a segunda tira em sarja principal 3/1. = + = Relação da trama do tecido em riscas cruzadas em trama Ry Ru^v1 **Ru^v2** 20-0,4+20 - 0,4=16. A relação na base é igual ao mais pequeno múltiplo comum Roi=4, Ro2=4, Ro=4. O número de remizoks no enfiamento é igual ao padrão de base, ou seja, quatro. Os fios são passados pelas rocas em fila.

No caso do tecido xadrez, o padrão de tecelagem depende do tamanho das células, da densidade da teia e da trama e do tipo de tecelagem nas células (Fig. 3).

= + A determinação da relação de trama dos tecidos axadrezados é feita pelos mesmos métodos que para a determinação da relação de trama dos tecidos listrados.Relação de violação na urdidura Ro Poï-αι Po2-α2+...+ Poη-αη. = +Relação de trama Ry Ro^v1 Ro^v2+..... .+,.I\-**Buu**. = = = Exemplo: construir uma trama numa célula, Rol=Ro2=Rul=Ru2=20 fios/cm, largura da célula **al a2** cl c2 = 0,4 cm, tece a primeira célula em sarja 1/3, a segunda célula em sarja 3/1. = + O relatório na base do tecido no quadrado Ro Poi - ai Ro2 - **a2** = 20 -0,4+20 -0,4=16. = = Relação na trama do tecido na célula Ry Ru^v1+ **Ru^v2 20-0,4+20-0**,4=16.

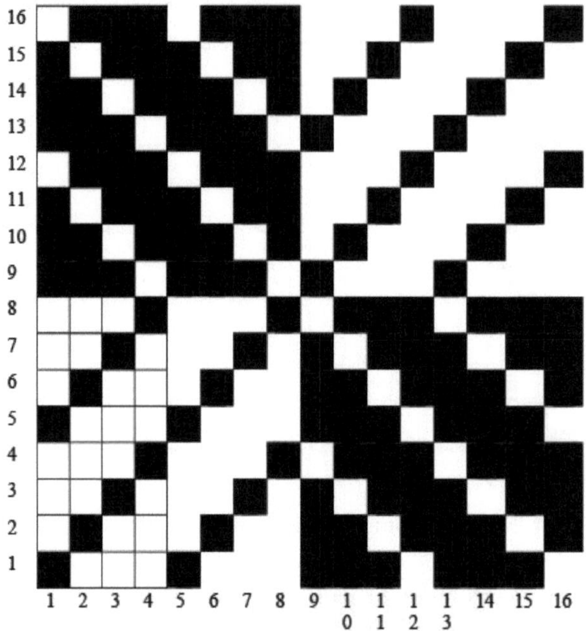

Figura 3. A trama do tecido da gaiola.

trama de um tecido axadrezado. Uma análise do padrão de enchimento de um tecido axadrezado mostra que, na superfície do tecido, temos um padrão sob a forma de quatro quadrados (dois com efeito de trama e dois com efeito principal), sendo o tamanho de cada quadrado igual ao tamanho da trama de base. Na orla dos quadrados, contra as sobreposições de base, encontram-se sobreposições de trama e, contra as sobreposições de trama, sobreposições de base. Os fios do remiso são interrompidos e consolidados.

Tecidos waffle

A trama waffle forma um padrão de relevo na superfície do tecido sob a forma de células com lados convexos e um centro côncavo. Os lados convexos são formados por sobreposições longas do fio principal e da trama e o centro côncavo por sobreposições curtas do fio principal e da trama (tecelagem plana). O relevo (expressividade) do padrão depende da densidade linear do fio, da densidade da teia e da trama e da trama de base. A trama waffle é construída com base numa sarja em losango derivada da sarja simples. = = A relação da trama na base Ro 2Ko - **2**, na trama Ry 2Ku - **2**, em que: Co Cu - respetivamente o número de fios de urdidura ou de trama, após o que há uma mudança no sinal de deslocamento (Fig. 4).

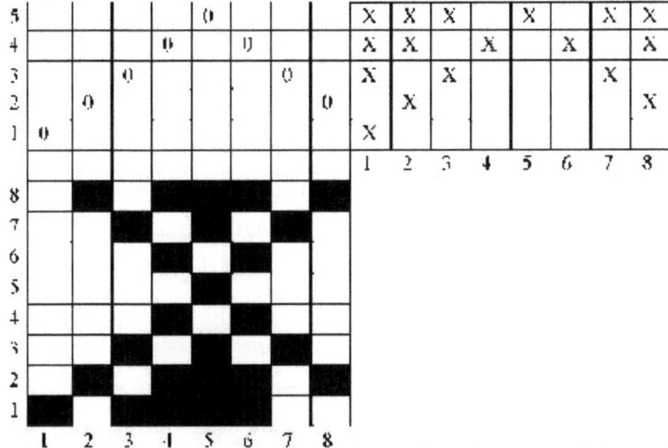

Figura 4. Padrão de enchimento completo de um tecido waffle.

Metodologia de construção da trama waffle: constrói-se uma sarja romboidal; a parte interior do losango é preenchida de forma escalonada com tábuas de base, deixando uma fila de sobreposições de trama até ao contorno do losango. =Exemplo: para construir uma trama waffle na base de sarja romboidal 1/4 do número de fios, após o que o sinal de mudança muda, $C_o\ K_u$=5. = = = = A relação na base R_o $2K_o$ - 2 2-5-2=8, na trama R_y $2K_u$ - **2 2-5-2=8.** Além disso, depois de adiar no papel kanvovy (fig.4) a relação na base e na trama, construímos uma sarja romboidal e, depois de nos afastarmos do losango numa sobreposição de trama, completamos a prancha de base longa (sobreposições). O proborku é feito ao contrário, em cinco remises, ou seja, o número de remises K_r = 5. Também o tecido waffle é construído com base numa sarja complexa, as regras de construção são as mesmas, neste caso o tecido tem uma aparência bonita. Uma pequena torção do fio contribui para uma melhor absorção da humidade na produção de tecidos atoalhados.

Tecidos diagonais

As diagonais formam um padrão em relevo na superfície do tecido sob a forma de riscas inclinadas, semelhantes a uma sarja, dirigidas da parte inferior esquerda para a parte superior direita. O ângulo de inclinação da diagonal depende da densidade da teia e do rácio de densidade do tecido.

=> Se R_o R_u, então o ângulo diagonal $\alpha=45^0$, se R_o R_u, então $\alpha>45^0$. A densidade da urdidura não deve exceder o dobro do valor da densidade da trama ($2P_u$), caso contrário, verifica-se uma utilização irracional das matérias-primas e uma resistência desigual do tecido. É possível aumentar ainda mais o ângulo diagonal aumentando o cisalhamento da urdidura (cisalhamento vertical) em mais de um $S_o>1$. Por conseguinte, uma sarja com um deslocamento da urdidura superior a um ($S_o>1$) designa-se por diagonal e uma sarja por diagonal. =Para os tecidos diagonais, o ângulo de inclinação (α) é determinado **por** Po So/Py, em que: Po, Ro- a densidade do tecido na urdidura e na trama; So- o cisalhamento na urdidura (vertical). A base é uma sarja complexa, que apresenta diagonais pronunciadas a partir das sobreposições principais; largas - para maior relevo e estreitas - para evitar o deslizamento do tecido.

Para a construção de uma trança diagonal são possíveis duas opções:

1 Ao dividir a relação de trama básica de uma trama de sarja complexa pelo aumento do deslocamento da urdidura. =A relação de urdidura Ro R6/So. =Relação de trama Ry R6.

2 Quando não se divide o padrão básico da sarja pelo aumento do deslocamento da teia. ==Violação da urdidura e da trama Ro Ry R6. =Exemplo: para construir uma trama diagonal na base de uma sarja complexa 4/1, 3/2, deslocamento vertical So=2, padrão de trama diagonal na base Ro R6/So=10/2=5. =Padrão de trama Ry R6=10.

Na Fig. 5a, Ro=5, Ry=10. Em seguida, para o primeiro fio de urdidura, marcamos quatro sobreposições principais, uma trama, três principais e duas de trama, ou seja, 4+1+3+2=Ry. Para o segundo fio de urdidura, tendo recuado dois passos (deslocamento So=2), colocamos também quatro placas principais, uma de trama, três principais e duas de trama. Da mesma forma, com um deslocamento, construímos as sobreposições do terceiro fio principal, etc. Marcando os pontos do início das sobreposições principais para cada fio principal, podemos ver claramente uma diagonal íngreme. =Para fazer uma diagonal, são necessárias cinco remizas, ou seja, o número de remizas Kp **R6/So** para a costura das carreiras. ===Exemplo: para construir uma trama diagonal na base de uma sarja complexa 4/1, 4/2, deslocamento So=2, a relação da trama diagonal é indivisível por deslocamento, portanto Ro Ry R6=4+1+4+2=11. Na Fig.5b marcamos Ro Ry=11. De seguida, para o primeiro fio de teia, definimos as sobreposições para 4 (principal) + 1 (trama) + 4 (principal) + 2 (trama). Para o segundo fio principal, tendo recuado dois passos (So=2), construímos sobreposições semelhantes de fio principal e de trama pela mesma ordem, etc. Ao marcar os pontos de início da sobreposição principal de cada fio de teia, vemos uma diagonal acentuada.

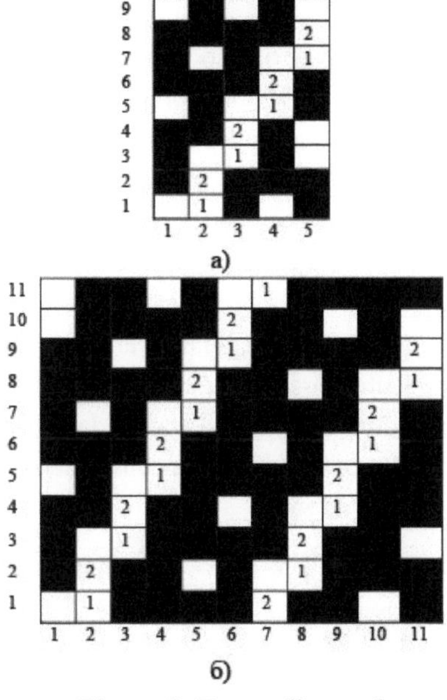

Figura 5. Trama diagonal.

=Neste tipo de tecelagem, o número de espiguetas na enfiada é igual ao da tecelagem de base ($K_{(P)\ R6)}$, ou seja, onze espiguetas numa carreira de urdidura.

Tecidos de crepe

Os tecidos de crepe são tecidos que apresentam um efeito de crepe (grão fino) na superfície devido à torção dos fios. Estes tecidos incluem o crepe de chine, o crepe georgette, a crepsatina, etc. Krepdeshin produzido a partir dos principais fios de seda - fios crus e de trama crepe torção direita e esquerda (2200 kr / m), e crepe georgette (3200 kr / m). Também é possível imitar o efeito de crepe no tecido com tramas adequadas. Para uma construção correta das tramas de crepe, é necessário respeitar os seguintes requisitos: na superfície do tecido não deve haver riscas visíveis ou padrões claramente definidos; não deve haver grandes grupos de sobreposições de trama ou principais; na superfície do suporte deve haver um número aproximadamente igual de sobreposições de trama e principais. Os crepes são construídos com base em tramas principais ou nos seus derivados. Existem os seguintes métodos de construção de crepes:

adição de sobreposições de base ou de trama; sobreposição (combinação) de duas ou mais tramas; colocação de fios de uma trama entre fios de outra trama; rearranjo de fios da mesma trama; rotação da trama de base; negativo, ou seja, substituição de sobreposições de base por sobreposições de trama e vice-versa.

No método de adição de sobreposições de base ou de trama, os padrões da trama de base são quebrados. =Por exemplo: na trama de base são aceites quatro relações de trama simples (Fig.ba), Ro Ry=8. A relação da trama de crepe é igual à relação da trama de base. A violação do padrão é efectuada de forma arbitrária (Fig. 6b) devido à adição de sobreposições básicas em duas direcções na intersecção da primeira urdidura da segunda trama, da segunda urdidura e da terceira trama, da terceira urdidura e da quarta trama, da quinta urdidura e da oitava trama, da sexta urdidura e da sétima trama, da sétima urdidura e da sexta trama, em conformidade com os requisitos da construção da trama de crepe.

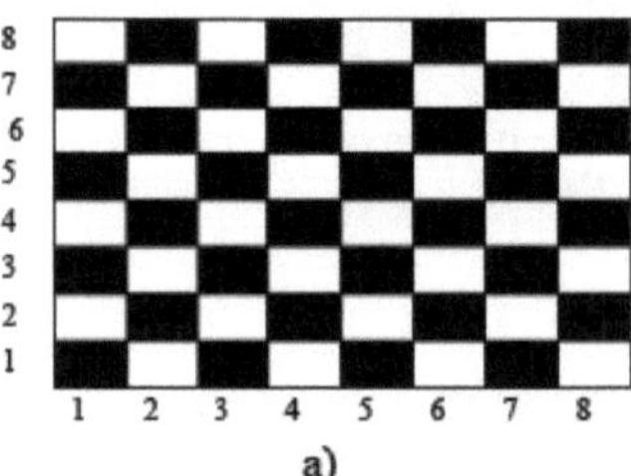

a)

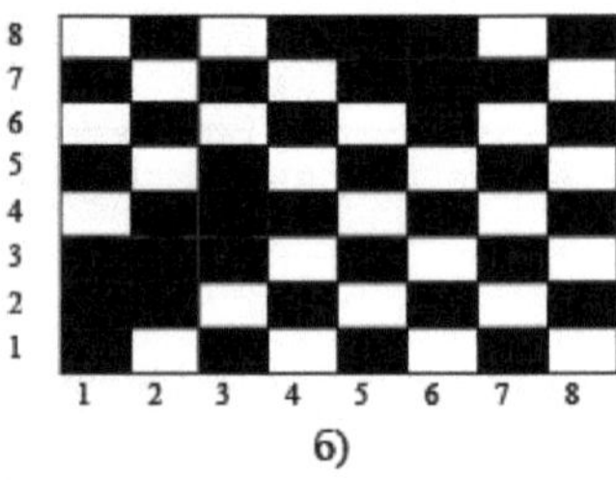

б)

Figura 6. Tecido crepe.

O método de sobreposição consiste em pegar no mesmo número de fios ou nos seus múltiplos nos rapports de duas tecelagens de base e sobrepor os rapports das tecelagens de base, retirando as sobreposições. Exemplo: Elaborar um padrão de tecelagem com base num ponto liso e num ponto de cetim irregular de seis fios (Fig. 7).

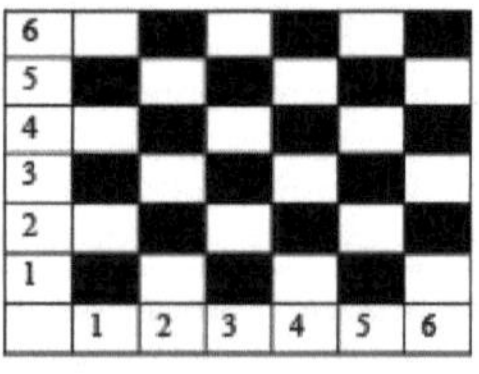

a)

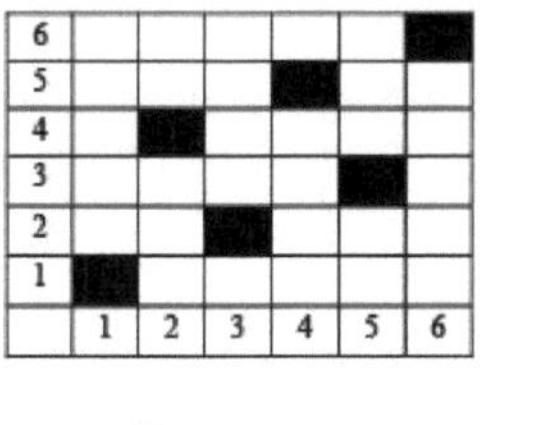

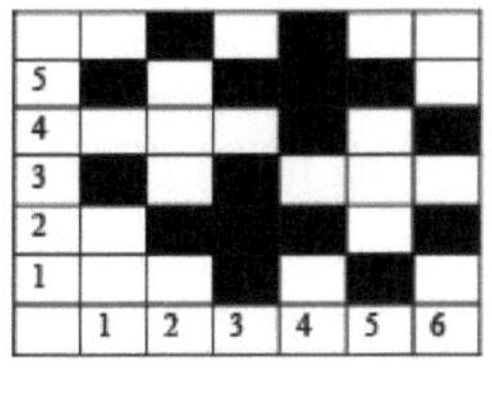

б) в)

Figura 7. Tecido crepe.

==Construímos uma trama simples com repetição do rapport três vezes, ou seja, Ro Ry=6 (Fig.7a), cetim irregular de seis fios com Ro Ry=6 (Fig.7b). Em seguida, sobrepomos a trama simples (Fig.7a) ao cetim de seis fios (7b) e, nos locais onde as sobreposições principais se sobrepõem, removemos essas sobreposições (Fig.7c), ou seja, a primeira urdidura é a primeira trama, a segunda urdidura é a quarta trama, a quinta urdidura é a terceira trama, a sexta urdidura é a sexta trama. =A relação de trama Ry R6K.

Quando os fios de trama de uma trama são colocados entre os fios de trama de outra trama. A relação de trama é Ry Ki/Ku, em que: Ku- a alternância dos fios de trama de uma trama em relação aos fios de trama de outra trama, que é a soma dessas alternâncias de trama. =A relação de base Ro R6K. Exemplo: construir uma trama crepe, colocando os fios de urdidura da trama simples entre os fios de urdidura da sarja 1/2, a alternância dos fios de urdidura é de 1:1. ==A relação de dependência da trama simples é igual a dois Ro Ry=2 (Fig.8a), e da sarja 1/2, Ro Ry=3 (Fig.8b). O múltiplo mais pequeno total da relação de trama de base R6K=6. =Por conseguinte, a relação de trama da crepe Ry R6K=6. E a relação na base da trama de crepe

=Ro R6^Ky = 6 (1+1) =12

Na Fig. 8c, deixemos de lado a relação de crepe igual a Ro=12 e R^ó. Em seguida, colocamos na Fig.8c nos fios de urdidura ímpares 1,3,5,7,9,11 sobreposições de tecido liso, e nos fios pares 2,4,6,8,10,12 sobreposições de tecido de sarja. Para esta tecelagem, adoptamos um padrão de quatro riscas ou de doze riscas.

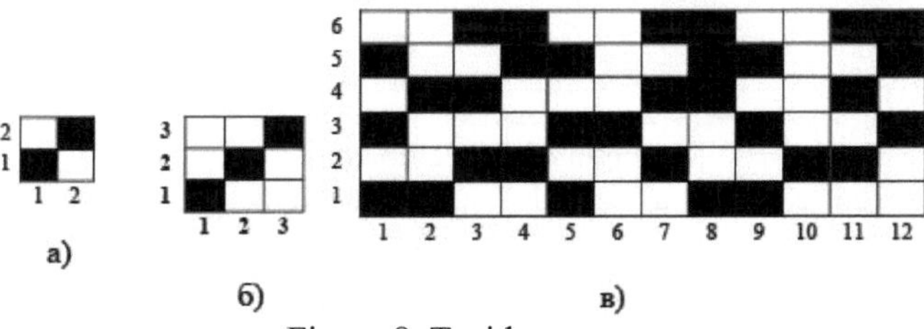

a) б) в)

Figura 8. Tecido crepe.

Exemplo: construir uma trama crepe colocando os fios de trama da trama simples entre os fios de trama da trama 2:2, alternância de fios de trama 2:1. A relação com base na trama de base do tecido simples é de dois (Fig. 9a), e a relação com base na trama de base R6K=4. = ^ Por conseguinte, o padrão na base da trama crepe Ro R =4. A relação de trama do ponto de trama simples e do ponto de trama rep é de dois, pelo que a relação de trama de base R6K=2.

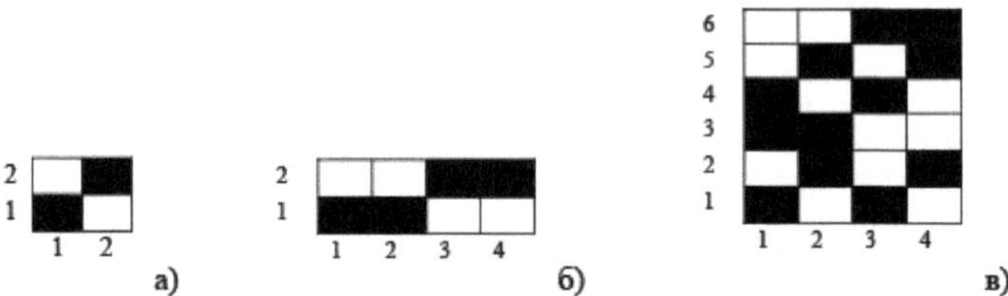

Figura 9. Tecido crepe.

Uma vez que a alternância dos fios de trama é de 2:1, a soma destes rácios é três, ou seja, Ku = 3.= Por conseguinte, o rácio de trama da crepe Ry Ibk Ku 2-3 = 6. Na Fig.9c, deixe Ro=4 e Ry=6. Em seguida, nas tramas 1 e 2, colocamos sobreposições de trama simples e, na terceira trama, colocamos sobreposições básicas (para a primeira trama na Fig.9b), uma vez que a proporção das tramas é de 2:1. Em seguida, na 4ª e 5ª tramas, colocamos sobreposições de trama simples na 4ª e 5ª tramas e na 6ª trama colocamos sobreposições de base na 6ª trama (para a segunda trama Fig.9b). Aceitamos um purl linha a linha em quatro remises.

Método de reorganização dos fios de uma mesma trama para quebrar o padrão da trama de base. A reorganização é efectuada com fios principais ou de trama, fios individuais ou grupos de fios. O padrão do tecido crepe é igual ao padrão do tecido de base. Os fios são apanhados no remise em filas. Exemplo: Criar uma crepe na base de uma sarja complexa 1/2, 2/2, reorganizando os fios da teia.

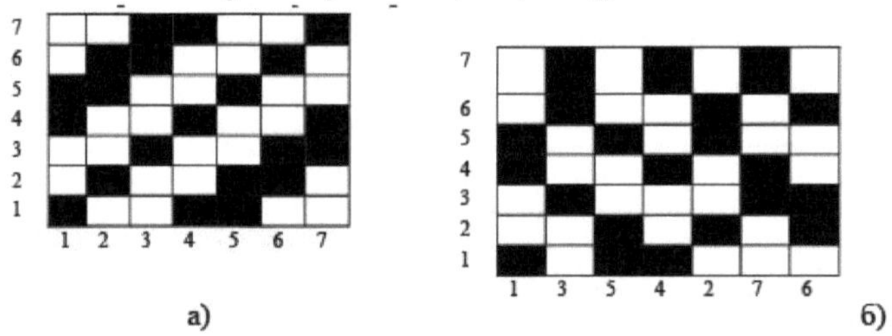

Figura 10. Tecido crepe.

==A relação entre a teia e a trama da crepe é igual à da trama de base, ou seja, Ro Ry R6=7. Na Fig.10a representamos a trama de base da sarja 1/2, 2/2. Ao lado (Fig.10b), marcamos a relação da trama de crepe e, ao mesmo tempo, reorganizamos os fios de urdidura da trama básica na seguinte sequência

1,3,5,4,2,7 e 6. A trama crepe é construída de forma semelhante, reorganizando os fios de trama (Fig. 11b) com base na trama de base da sarja complexa 1/2, e 2/2 (Fig. 11a). Neste caso, os fios de trama são dispostos na seguinte sequência: 1,3,7,2,6,5,4. A reorganização é efectuada de forma arbitrária, em conformidade com as regras (requisitos) da construção da crepe.

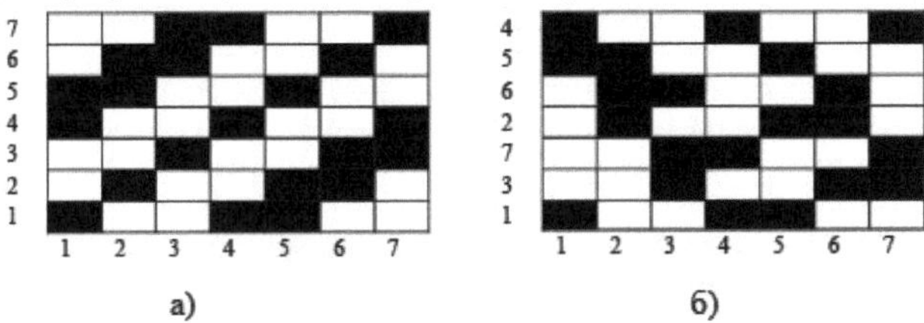

Figura 11. Tecido crepe.

O método de rotação consiste em transferir a trama de base de um quarto de quadrado para o outro no sentido dos ponteiros do relógio, rodando o motivo 90^0 no sentido contrário ao dos ponteiros do relógio. A relação de trama é igual ao dobro do valor da trama de base. =Na urdidura Ro 2R6. =Na trama Ry 2R6. =Os fios são recolhidos na remalhagem em fila, para o número de remalhagens igual a **K** 2R6. =Exemplo: para construir uma trama de crepe utilizando o método de rotação com base num padrão arbitrário (Fig. 12a) com o rapport Ro Ry=3. Utilizando o método de rotação, rodar 90^0 no sentido contrário ao dos ponteiros do relógio a Fig. 12a e obter a Figura 12b, depois rodar a Figura 12b na mesma direção a $90^{0,}$ obter a Figura 12c, de forma semelhante obter a Figura 12g.

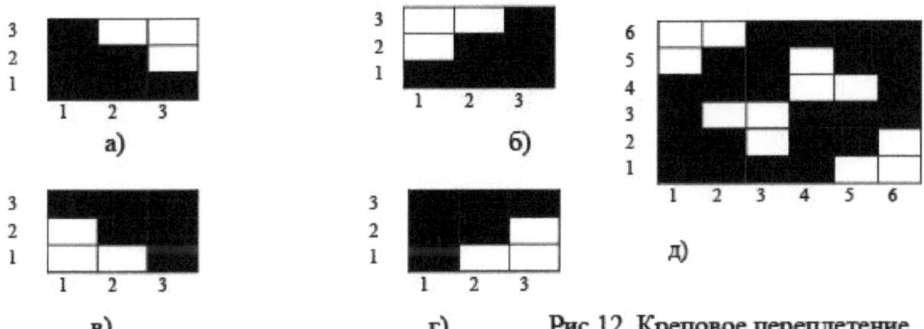

Figura 12: Tecido crepe.

= = = Em seguida, no primeiro quarto do quadrado com uma relação de base e trama de seis (Ro Ry **2R6** 2-3 = 6) Fig.12d. Vamos dispor (tecer) a Fig.12a e sequencialmente em cada quarto do quadrado no sentido dos ponteiros do relógio tecer as Fig.12b, 12c, 12d.

O método negativo consiste em transferir a trama de base de um quarto de quadrado para outro no sentido dos ponteiros do relógio, com rotação simultânea do motivo 90^0 no sentido dos ponteiros do relógio e alteração da sobreposição de base para trama ou de trama para base. =O tamanho da trama crepe é igual ao dobro do tamanho da trama básica: Ro=2R6, Ry 2R6. =Exemplo: construir uma trama crepe pelo método negativo com base num padrão arbitrário (Fig.13a) com a relação Ro Ry=3. A posição inicial da Fig.13a, fazemos uma volta a 90^0 no sentido dos ponteiros do relógio, com uma mudança simultânea de sobreposição do básico para a trama, e da trama para o básico (Fig.13d). Girando 90^0 no sentido horário da trama Fig.13b com mudança simultânea de sobreposições da trama para o principal e do principal para a trama obtemos a trama Fig.13c. Da mesma forma, obtém-se a trama da Fig. 13d. Na Fig.13d, no primeiro quarto do quadrado colocaremos a trama da Fig.13a, no segundo quarto a trama da Fig.13b, no terceiro quarto da Fig.13 e nos 6 quartos do quadrado a trama da Fig.13g. A análise da trama de crepe mostra que o segundo quarto tem um reflexo do primeiro quarto como negativo, o terceiro quarto como negativo, o quarto quarto como negativo e o primeiro quarto como negativo.

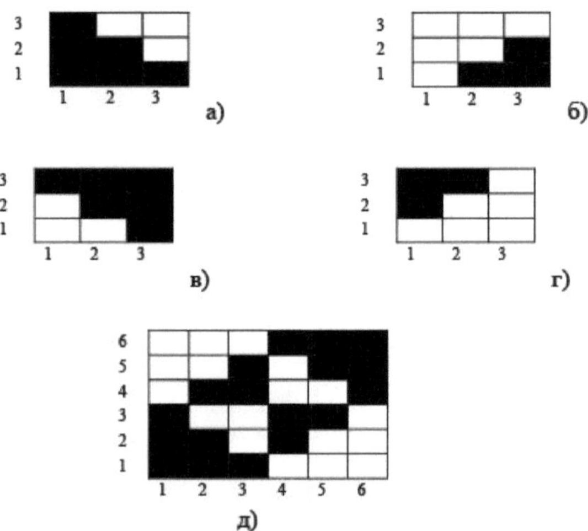

Figura 13. Tecido crepe.

Não existem restrições na construção dos crepes, pelo que é possível construir crepes por qualquer método, ou seja, utilizando vários métodos (colocação, sobreposição, rotação, etc.), respeitando as regras de construção dos crepes. Esta construção determina a obtenção de um aspeto bonito do tecido, devido ao aumento da relação de tecelagem.

Tecidos translúcidos

São obtidas através da combinação de sobreposições longas e curtas. As aberturas formam-se quando os fios da teia e da trama estão dispostos em filas com comprimentos de prancha muito diferentes. As aberturas são particularmente visíveis na combinação de tecelagem simples e tecelagem rep; quanto maior for o comprimento da prancha (sobreposição), maior será o efeito de translucidez. ==Método de construção da trama: definir a relação da trama translúcida Ro e Ry; determinar o número de fios na urdidura e na trama (po, p_y) no ny **R/2**; construir a trama translúcida. == =Exemplo: para construir uma trama translúcida com uma relação de base e trama Ro Ry 10, utilizamos uma trama simples e uma repetição de base 5/5 (Fig.14) e o número de fios do feixe Po Pu=5.

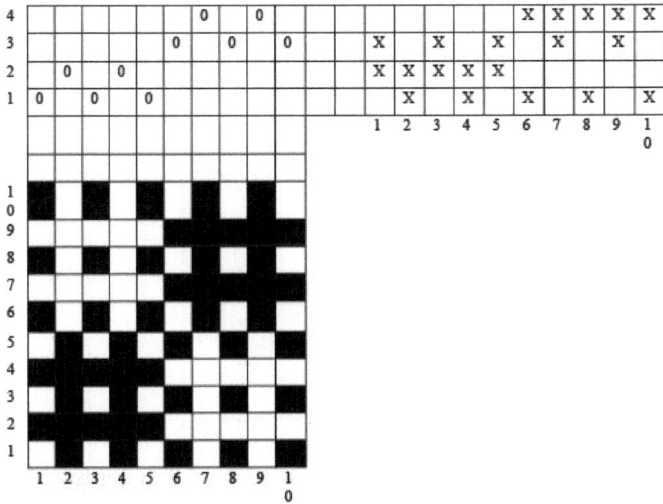

Figura 14: Tecido translúcido.

Os fios da urdidura são enfiados na cana num feixe de cinco fios e os fios da urdidura são enfiados no remate de acordo com o padrão para quatro remates.

Tecidos para esfregar

É fabricado com base em tranças com longas tramas principais ou de trama (sobreposições). Na parte da frente do tecido, formam-se riscas convexas longitudinais ou transversais. Como tecelagem de base (com sobreposições longas de trama ou principal), utiliza-se a trama de base ou de trama 4/4, 5/5, 6/6, 8/8, as sarjas 4/4, 6/6, 8/8 e outras. Os tecidos baseados nestas tramas têm uma estrutura solta, pelo que são introduzidas tramas de fixação com sobreposições curtas, como as tramas simples ou de sarja 1/2 ou 2/1. Ao selecionar uma trama de fixação, é necessário que a relação de transmissão seja igual ou múltipla do número de fios que se sobrepõem à tábua. ==A relação de transmissão da trama de fricção para a fixação das sobreposições principais longas (fricções longitudinais) Ro Ro6 $R_{(H}$; Ry Ry6. ==A relação de arrastamento da trama de soldadura quando se trata de sobreposições de trama longas (soldaduras transversais) Ro Ro6; Ry Ry6 Ry3, em que: Ro6, Ry6 são as relações da trama de base na urdidura e na trama, respetivamente; R03, Ry3 são as relações da trama de fixação na urdidura e na trama, respetivamente. Exemplo: Criar um padrão de enchimento para um tecido de trama cruzada com base numa relação de trama 6/6. A trama de fixação é lisa (também é possível uma sarja 1/2). ==Determinamos a relação da trama transversal na trama e na base Ry Ry6- Ry3=2 - 2=4, Ro Ro6=12. Na Fig.15, colocamos as sobreposições principais na direção da trama da repetição de trama 6/6 na relação com uma torção duas vezes. De seguida, na continuação da primeira trama na segunda trama, marcamos as sobreposições básicas curtas da trama simples (fios de teia 7,9,11). Para a segunda trama, no primeiro franzido, com um deslocamento S=1, formar sobreposições curtas de base do ponto corrido (fios de teia 2,4,6).

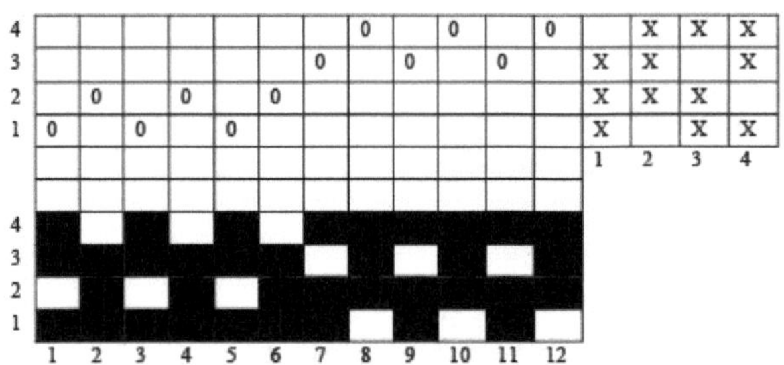

Fig. 15: Tecido em cruz.

Para o terceiro ponto, formar sobreposições curtas de ponto simples (fios de teia 8,10,12) na segunda trama com um desvio S=1. Na quarta trama, à semelhança da segunda trama, formam-se sobreposições curtas em ponto baixo, respeitando o desvio **S=1**. A recolha de fios no remate é livre - interrompida durante quatro remates. Exemplo: construir um padrão de enchimento de um tecido longitudinal em ponto de cruz com base na repetição de base 6/6. A trama de fixação é aceite como trama simples. ==Determinamos a relação de trama longitudinal na base Ro Ro6 -Ko_3=2-2=4, na trama Ry Ry6=12. Na Fig.16 construímos a repetição de base 6/6 com repetição dentro da relação Ro=4. Em seguida, no segundo rufo do primeiro fio de urdidura, determinamos as sobreposições curtas de tecelagem simples (são os fios de trama 7,9,11). Para o segundo fio de urdidura da primeira cicatriz, determinamos as sobreposições curtas do ponto de tafetá (fios de trama 1,3,5), observando o deslocamento do ponto de tafetá **S=1**. As sobreposições curtas para o terceiro e quarto fios de urdidura são construídas da mesma forma, observando as condições de deslocação do tecido simples.

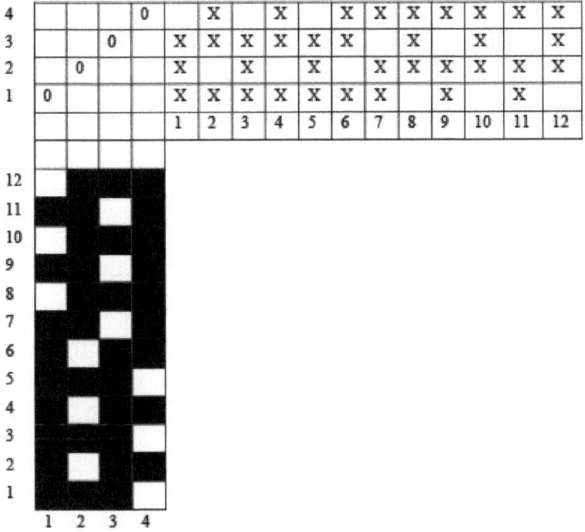

Figura 16. Tecido longitudinal de galões.

Utilizamos uma fila de quatro remises.

Tecidos com padrão colorido

Obtém-se um padrão na superfície do tecido utilizando fios de teia e de trama coloridos. O rácio de uma trama com um padrão colorido é igual ao menor múltiplo comum do rácio de trama de base R_6 e do rácio de cor Itz. A relação de cores é o número de fios de base ou de trama coloridos, após o qual se repete a ordem de alternância das cores. Metodologia de construção da trama: determinar o rácio de trama de base: determinar o rácio de cor; determinar o rácio de padrão de cor; representar a trama de fios no tecido, com pontos que marcam as sobreposições principais; pintar as sobreposições principais e de trama com tinta da cor que têm os fios da teia e da trama.

CAPÍTULO 6

6. TECIDOS JACQUARD LISOS

Os tecidos jacquard simples ocupam um lugar importante na gama dos tecidos jacquard. Estes tecidos são construídos com dois sistemas de fios: um sistema de fios principais e um sistema de fios de trama. Na conceção de tecidos de camada única, obtêm-se bons resultados aplicando desenvolvimentos de sombra de pormenores de padrões, combinando com êxito matérias-primas na teia e na trama, bem como utilizando diferentes combinações de matérias-primas num dos sistemas de fios. As tramas de diferentes matérias-primas encontram-se lado a lado no tecido, no mesmo plano, preservando assim a camada única do tecido. Muitas vezes, uma trama de número elevado forma o fundo do tecido e outra, geralmente de número reduzido, que continua a trama do fundo, forma o padrão. O encaixe das tramas pode ser par ou ímpar. A gama de tecidos jacquard de camada única inclui tecidos para vestidos e blusas, lenços de cabeça, tecidos para forros, cetins para cobertores, toalhas de mesa, tecidos decorativos, tecidos gastuchny. Consoante a natureza do padrão do tecido a aconchegar, o número de relações ao longo da sua largura, bem como a densidade do tecido no aconchego jacquard habitual, o tabuleiro de bilhar é dividido em partes iguais ao número de partes de aconchego, ou relações de aconchego. Cada parte do tabuleiro de bilhar tem tantos buracos como o número de ganchos de trabalho na máquina jacquard e tantos cordões de arcada e, por conseguinte, os fios principais num rapport de purl. A particularidade das máquinas jacquard é que os ganchos têm um movimento direcionado entre si e cada gancho realiza a elevação e o abaixamento (movimento) de um fio de urdidura (na presença da largura do enchimento de todos os diferentes fios de urdidura entrelaçados) e de vários fios de urdidura (na presença da largura do enchimento de padrões repetidos de diferentes partes entrelaçadas dos fios de urdidura). Os ganchos são ligados por cordas de arcada, enfiadas no tabuleiro da cassete e ligadas às faces, nos olhos das quais são enfiados os fios de teia. Os ganchos ou as cordas elásticas são atados às faces. A largura do tabuleiro de cassetes é igual à largura do fio da cana e o número de orifícios no tabuleiro é igual ao número de fios do arnês. Ao enfiar a máquina, é necessário conhecer a posição do primeiro gancho (o primeiro fio da teia), que é determinada pela posição do prisma em relação à cabeça do Jacquard, de acordo com a regra da mão esquerda. Na Fig. 1a, o prisma encontra-se do lado direito da cabeça de Jacquard. Por conseguinte, se estiver de frente para o prisma, a mão esquerda indicará a posição do primeiro gancho e a mão direita indicará a posição do último gancho (2400 gancho no nosso exemplo). Consequentemente, de acordo com a regra da mão esquerda, o primeiro gancho será o gancho esquerdo mais afastado e o último gancho será o gancho direito mais próximo (2400 gancho). Para evitar o cruzamento das cordas arqueadas, a corda arqueada enfiada no primeiro furo da placa da cassete é atada ao último gancho (2400 gancho) e a corda arqueada enfiada no último furo da placa da cassete é atada ao primeiro gancho. Neste caso, o padrão no tecido tem a direção oposta ao padrão no mandril. será a corda arqueada direita mais próxima enfiada no primeiro orifício da placa da cassete é atada ao primeiro gancho. Neste caso, a direção do motivo no tecido coincide com a direção do motivo no mandril. Esta direção do padrão no tecido tem a disposição do prisma por cima do peitoral (Fig.1c). Neste caso, o primeiro gancho encontra-se no canto esquerdo mais distante e o último gancho no canto direito mais próximo. Quando o prisma é colocado no lado esquerdo da cabeça do jacquard (Fig.1b), o primeiro gancho será o gancho mais à esquerda e o último gancho (2400 gancho). A Fig.1g mostra a disposição do prisma sobre a base, onde o primeiro gancho se encontra no canto direito mais próximo e o último gancho no canto esquerdo mais afastado. O padrão no tecido tem uma direção diferente da direção do padrão no mandril porque o cordão arqueado enfiado no primeiro furo do quadro de cassetes está ligado ao último gancho (gancho 2400) e o cordão arqueado enfiado no último furo do quadro de cassetes (furo 2400) está ligado ao primeiro gancho. Para obter a mesma direção do padrão no tecido e no mandril na variante de enfiamento (Fig.1a e 1g), o tecido é trabalhado virado para baixo na máquina. Na cabeça do jacquard, os ganchos estão dispostos em filas longitudinais e transversais, que dependem do tamanho (número de ganchos) e da divisão (grande, média e pequena) da máquina de jacquard. Normalmente, o número de ganchos na fila transversal nas máquinas de divisão grande é de 8 filas, na divisão média - 12 filas, na divisão pequena - 16 filas. Dividindo o número total de ganchos pelo número de filas transversais, obtém-se o número de filas longitudinais na cabeça do jacquard

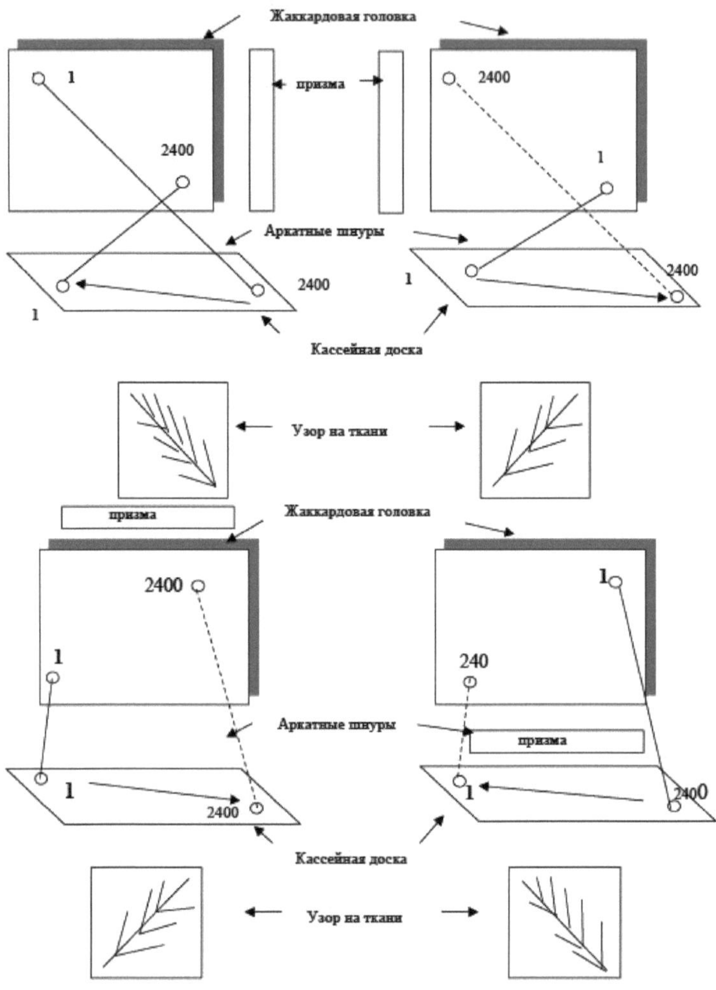

в г

Fig. 1. Disposição dos prismas nas máquinas jacquard.

O quadro de cassetes distribui os fios do chicote uniformemente pela largura e profundidade da inserção do tear e está posicionado entre a cabeça Jacquard e os fios de teia. O número de furos do quadro de cassetes corresponde ao número de fios do chicote e ao número de fios da teia. O número de furos na fila transversal é igual ao número de ganchos na fila transversal da cabeça do jacquard. Os furos estão dispostos de forma escalonada. O primeiro orifício (Fig. 1a e 1g) é sempre o orifício mais à esquerda e o último orifício é sempre o orifício mais à direita (também no caso de enfiamento de várias peças). Consoante a natureza do padrão, o número de relações do padrão na largura do tecido, a tábua de bilhar é dividida em partes ou na relação da tira e a cada gancho de trabalho atam-se tantos cordões arqueados quantas as partes do penso. A largura de uma parte do pano é determinada dividindo o número de ganchos de trabalho pela densidade do tecido na base. Existem os seguintes tipos de cortiça de cordões arqueados na tábua de casseinny - em linha, invertida, combinada, sumária. A cortiça em linha é utilizada na produção de tecidos com padrão assimétrico. Se o padrão for repetido uma vez na largura, a decapagem é designada por decapagem em linha de uma só peça (Fig.1a e 1g), em que o número de ganchos **Kk=2400**, o rapport de base **Ro<2400**, o número de fios na base **Po<2400.** Na colheita de linhas multiprivadas, vários cordões arqueados são controlados por um gancho. A Fig.2 mostra o esquema de recolha de linhas em duas partes, em que o número de ganchos **Kk=2400**, o padrão na base **Ro=2400** e o número de fios na base **Po=4800**

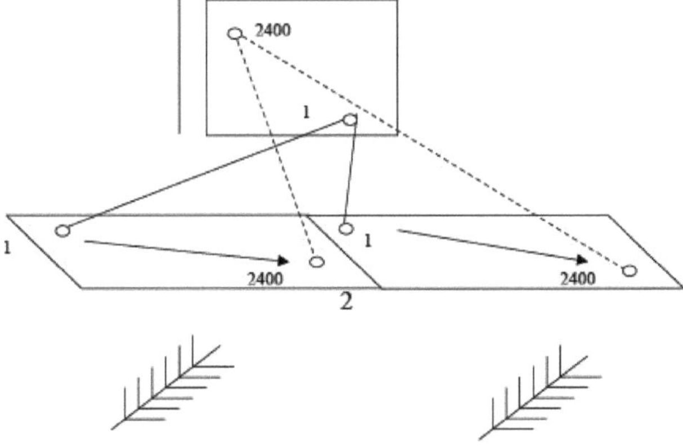

Fig.2. Piercing em duas partes.

O número de peças de um enchimento não pode ser superior a 16. O pesponto é utilizado na produção de tecidos com um padrão simétrico na teia. O pesponto divide-se em monopartido e multipartido. No remate de uma peça (Fig.3), o número de ganchos de trabalho **Kk=2400**, o padrão de base **Ro=4800**, o número de fios na base **Po=4800.**

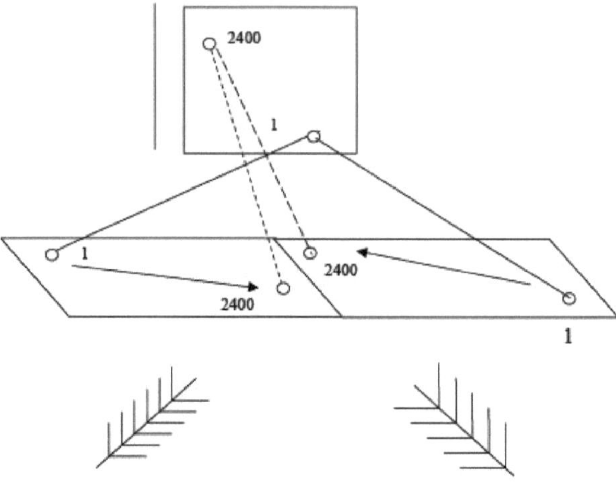

Figura 3. Puncionamento invertido numa só peça.

Na decapagem reversa em duas partes (Fig. 4), o número de ganchos de trabalho Kk=2400, o rapport na base Ro=4800, o número de fios na base Po=9600 fios.

A franja combinada é utilizada em peças com fundo e orla. Uma vez que a orla é simétrica, seleciona-se uma franja invertida. Para o fundo, seleciona-se uma franja em linha. Na Fig.5, a orla é em franja reversa e utiliza de 1 a 400 ganchos, enquanto o fundo utiliza franja em linha de 401 a 2400 ganchos.

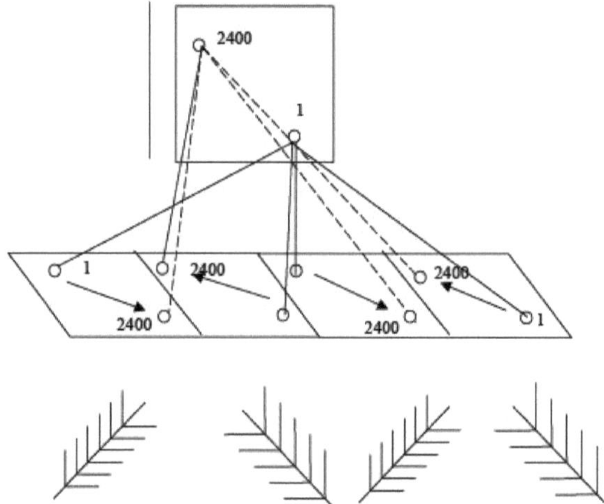

Figura 4. Puncionamento invertido em duas partes.

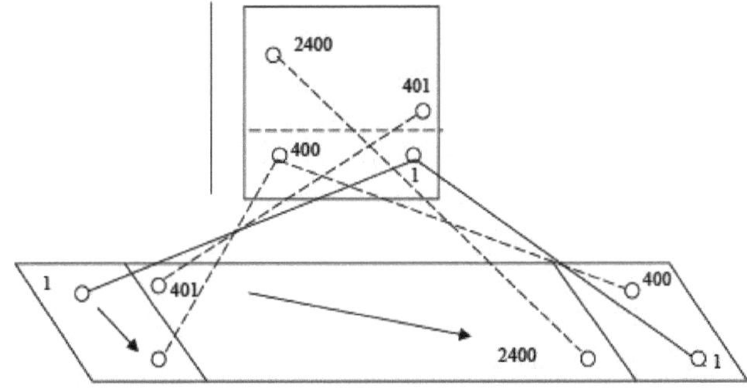

Figura 5. Estruturas combinadas.

Puncionamento conjunto na produção de tecidos complexos de grandes dimensões com mais de dois sistemas de fios (tapeçaria, tapetes, etc.). Neste caso, os ganchos da cabeça Jacquard e o quadro de cassetes estão divididos em abóbadas por profundidade e cada abóbada controla um sistema de fio principal. A Fig.6 mostra uma ourela de duas abóbadas de uma só peça.

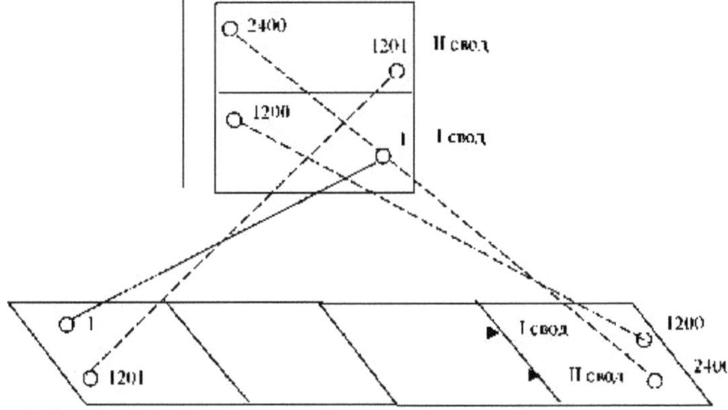

Fig. 6. Pórtico de dois fios de uma só peça e de uma só peça

Mecenato em tecelagem jacquard

A representação da trama de um tecido jacquard num papel para tela é designada por patronagem. O padroado pode ser de três tipos: em primeiro lugar, novos modelos para tecidos produzidos na indústria; em segundo lugar, modelos para novos tecidos com base em teares existentes; em terceiro lugar, modelos para novos tecidos com base em novos teares. No primeiro tipo de paternalismo, é necessário conhecer a densidade dos tecidos da teia e da trama, o tipo de matéria-prima, o número de ganchos em funcionamento, o tipo de cordões de arco, a largura de uma peça e a largura total da enfiada, etc., e utilizar os mesmos tipos de tecelagem que na produção dos modelos de tecidos anteriores. No segundo tipo de padroado, são conhecidos o número de ganchos de trabalho, a densidade de enchimento na teia e na trama, o tamanho da relação de perfuração, o tipo de perfuração e a largura total do enchimento. Os parâmetros de enchimento conhecidos são utilizados no cálculo técnico. O terceiro tipo de padroagem envolve um novo enchimento. Neste caso, seleciona-se o número de ganchos de trabalho, a nova densidade de enchimento na teia e na trama, o tipo de desfiamento dos cordões de arcada no tabuleiro da cassete e, em seguida, efectua-se o cálculo técnico do tecido. O método de apadrinhamento depende da estrutura do tecido, das máquinas de corte e vinco de cartão, da qualificação dos insetters. Existem os seguintes métodos de paternalismo: - paternalismo em forma desdobrada com aplicação total da trama; - paternalismo em forma desdobrada com aplicação parcial da trama; paternalismo em forma reduzida. No paternalismo desdobrado com aplicação total da trama, cada linha vertical do papel de tela corresponde a um fio principal e a linha horizontal a um fio de trama. Este método é o mais trabalhoso, uma vez que a trama é aplicada em toda a área do padroeiro e é utilizado em tecidos de uma só camada com vários efeitos de tecelagem, bem como em alguns tecidos multicamadas (uma camada e meia e duas camadas). Normalmente, uma pequena célula pintada no papel da tela corresponde ao levantamento dos fios principais (sobreposição principal) e, por conseguinte, ao levantamento do gancho, sendo o levantamento deste último assegurado por um orifício cortado no cartão. Aquando do fabrico do cartucho, todas as sobreposições principais são pintadas de uma cor e os furos no cartão são cortados de acordo com essa cor. No caso de apadrinhamento em forma desdobrada com trama parcial, a trama é aplicada na zona do padrão e um ou mais rapports (uma ou duas células grandes) são representados no fundo. Este método é utilizado para o padroado de tecidos de camada única com dois efeitos de tecelagem - fundo e motivo. O padroado reduzido é utilizado na produção de tecidos multicamadas constituídos por vários sistemas de fios de teia e de trama. Este método é o mais rápido e fácil, uma vez que as tramas não são aplicadas no cartucho, mas pintadas com tantas cores quantos os efeitos (padrões) no tecido. Os modelos de tecelagem são desenvolvidos para cada cor do mandril e aplicados no mandril. A desvantagem deste método de paternalismo é a dificuldade de entalhar os cartões, porque ao entalhar o cartão o cartucho é lido tantas vezes quanto o número de modelos de tecelagem utilizados. O desenvolvimento do cartucho é efectuado em três fases. Na primeira fase, são especificados os parâmetros de enchimento: o tamanho, o tipo e a divisão da máquina Jacquard; o número de ganchos de trabalho e auxiliares; a distribuição dos ganchos de trabalho e auxiliares na máquina; o tipo de cordas arqueadas de recolha no quadro da cassete; a posição do primeiro gancho; o número de partes no enchimento; a largura de uma parte do enchimento e a largura total de enchimento do tecido; o tamanho do padrão na base, as caraterísticas do tecido.

Na segunda fase, são efectuadas as seguintes operações: escolher o método de padroado; calcular o papel de tela; calcular o padroado; especificar o número de efeitos de tecelagem - escolher as tramas para cada efeito e o método de produção do tecido (face para cima ou face para baixo). Na terceira fase: executar o papel vegetal; executar o mandril; elaborar as instruções para o entalhe do cartão. R_{on} é o número de linhas verticais do cartucho ou o número de pequenas células do cartucho numa linha horizontal.
O padrão de teia é determinado multiplicando a densidade de teia do tecido R_o pelo tamanho do padrão horizontal **a**. Ku **Ro-a** (1).
R_{yn} é o número de linhas horizontais num padrão ou o número de pequenas células num padrão por vertical. A relação de trama é determinada multiplicando a densidade da trama do tecido, R_u, pelo comprimento vertical do motivo **em.**
= R_{yn} **I**^{B} 2). O padrão de trama deve ser dividido em padrão de trama de fundo e de ourela e padrão de mudança de trama.
No padroamento desdobrado, os rapports da base e do padrão de trama são iguais aos rapports da base e do padrão de trama. = R_{on} R_{oy3} (3). = R_{yn} R_{yy3} (4).
O número de células grosseiras do padrão (K_{ok}, K_{uk}) é determinado pelo rácio entre o rácio do padrão de base do padrão e o número de linhas verticais do padrão e, respetivamente, o rácio do padrão de trama do padrão e o número de linhas horizontais do padrão de uma célula grosseira, ou seja

$$K_{ok} = R_{on}/K_o \quad (5)$$

$$K_{yk} = R_{yn}/K_y \quad (6)$$

A seleção do tecido jacquard é efectuada de acordo com a seguinte sequência atribuir o esquema do modelo a partir do modelo; transferir o esquema do modelo para o papel vegetal; determinar o contorno e o tamanho do esquema do modelo no papel vegetal; calcular o número de fios do esquema do modelo na teia e na trama; determinar o número de ganchos da máquina Jacquard; calcular o papel para tela (pelo número de células pequenas e grandes); dividir o papel vegetal em células; transferir o esquema do modelo para o papel para tela; aplicar a trama do modelo no papel para tela; verificar o patrono. A seleção do contorno do modelo a partir do modelo fornecido para o padroado é efectuada de acordo com a amostra de tecido desenvolvida pelo artista. Em seguida, o contorno do modelo é transferido para papel vegetal. Os limites do contorno do modelo são marcados com linhas rectas nas direcções da teia e da trama. Os valores do padrão espalhados na base e na trama são determinados pelas fórmulas (1) e (2). O número de células pequenas na horizontal (C_o) é igual ao número de ganchos na fila transversal da máquina, o número de células pequenas na vertical é determinado pela fórmula (2). O número de células grandes na horizontal K_{ok} e na vertical K_{uk} é determinado pelas fórmulas (5) e (6).

A divisão do papel vegetal em células grandes é feita na direção horizontal e vertical (Fig. 1b). A designação das células é efectuada horizontalmente (da esquerda para a direita) e, verticalmente (de baixo para cima), o contorno do padrão no papel vegetal é transferido para a escala ampliada. A encadernação é aplicada nos elementos do padrão de acordo com os efeitos estruturais e de sombra.

A verificação do chuck determina a disposição correta e a transição das tramas nas juntas dos elementos do padrão, tendo em conta o contraste estrutural ou o efeito de sombra em secções individuais do padrão. O cálculo do enchimento do tecido jacquard é complementado pelo cálculo dos cordões de arcada e do quadro de cassetes.

Número de cordões arqueados no feixe **A,,** Pf/K^, em que: Pf - número de fios de fundo no enchimento; Roy3 - rapport do padrão de urdidura na largura do tecido.

A largura do quadro de cassetes é determinada por Vk = Vzb + (1 % 2) cm, em que: Vb é a largura do enchimento na cana, cm.

Número total de orifícios no quadro da cassete. =Oo Pf+Pkr, em que: Pkr - número de fios na ourela.

Número de peças do quadro de cassetes **K.,** Pf/Kuz

O número de furos na linha transversal do quadro de cassetes depende da densidade dos fios principais do tecido. Em densidades mais elevadas, o número de furos é igual ao número de ganchos na linha transversal ou um múltiplo do número de ganchos na linha transversal, e em densidades mais baixas, o número de furos é metade do número de ganchos.

Número de linhas transversais (orifícios) numa parte do quadro de cassetes

= N Roy3/nK.

= Número de linhas cruzadas (orifícios) por 1cm N1K **Ro/Pk**.

= Densidade dos orifícios na placa da cassete Rock **Oo/Vk^Pk**.

No enchimento de tecidos de contagem média de fios, o número de furos por 1 cm não deve exceder 5 furos. Se a densidade for maior, aumentar o número de furos por fila cruzada (Pk).

LITERATURA

1. Rakhimkhodjaev S.S., Kadyrova D.N. Teoria da estrutura dos tecidos. Livro de texto. Tashkent. Adabiyot uchkunlari. 2018. - 212 pp.
2. Damyanov G.B. et al. "Estrutura dos tecidos e métodos modernos de conceção de tecidos" - Moscovo, Legkaya Industriya 1984g
3. G. H. Oelsner's. A Handbook of Weaves é o livro de modelos de tecelagem mais conhecido e mais acessível. 18 de novembro de 2004.
4. N. GOKARNESHAN. Estrutura e desenho do tecido. Copyright © 2004, New Age International (P) Ltd, Publishers Publicado por New Age International (P) Ltd, Publishers.
5. K. L. Gandhi. © Woven textiles Principles, developments and applications Woodhead Publishing Limited, 2012.
6. Prabir Kumar Banerjee. Princípios de FORMAÇÃO DE TECIDOS. © 2015 by Taylor & Francis Group, LLCCRC Press é uma marca do Taylor & Francis Group, uma empresa Informa.
7. Martynova, Anna Arkhipovna. Estrutura e desenho de tecidos: manual para estudantes de instituições de ensino superior / Martynova, Anna Arkhipovna, Slostina, Galina Leonidovna, Vlasova, Nina Aleksandrovna. - M. Izd-vo MSTU, 1999. - 434 8.Martynova A, A. Prática laboratorial sobre estrutura e desenho de tecidos. Indústria ligeira, 1976.
9. A R Horrocks e S Anand. HANDBOOK OF TECHNICAL TEXTILES Editado por The Bolton Institute, Reino Unido, 576 páginas, 2000.
10. Dan J. McCreight, James B. Bradshaw.WEAVERS HANDBOOK OF TEXTILE CALCULATIONS. Everett E. Backe, e Michael S. Hill, Instituto de Tecnologia Têxtil, EUA, 105 páginas, 2000.
11. WEAVERS HANDBOOK OF TEXTILE CALCULATIONS (MANUAL DE CÁLCULOS TÊXTEIS PARA TECELÕES). Dan J. McCreight, James B. Bradshaw, Everett E. Backe e Michael S. Hill, Instituto de Tecnologia Têxtil, EUA. Hill, Instituto de Tecnologia Têxtil, EUA

Printed by Books on Demand GmbH, Norderstedt / Germany